库区地质灾害监测预警信息技术研究

刘振红 李国权 刘 贺 马 冰 孙红义 编著

黄河水利出版社
·郑州·

内 容 提 要

本书以大型水库的地质灾害监测预警项目为依托,系统地介绍了地质灾害监测预警系统的建设需求、总体框架及数据库建设等内容,重点介绍了地质灾害监测预警系统主要功能模块、数据采集传输与系统应用,并结合实际工程进行了操作展示。

本书可供从事工程建设、地质灾害监测及相关领域的科研人员、技术人员、管理人员等阅读参考。

图书在版编目(CIP)数据

库区地质灾害监测预警信息技术研究/刘振红等编著 . —郑州:黄河水利出版社,2023.8
ISBN 978-7-5509-3686-7

Ⅰ.①库… Ⅱ.①刘… Ⅲ.①水库-地质灾害-监测系统-预警系统-研究 Ⅳ.①TV697

中国国家版本馆 CIP 数据核字(2023)第 155441 号

责任编辑	景泽龙	责任校对	兰文峡
封面设计	李思璇	责任监制	常红昕

出版发行 黄河水利出版社
　　　　　地址:河南省郑州市顺河路49号　邮政编码:450003
　　　　　网址:www. yrcp.com　E-mail:hhslcbs@ 126.com
　　　　　发行部电话:0371-66020550
承印单位　河南新华印刷集团有限公司
开　　本　787 mm×1 092 mm　1/16
印　　张　12.25
字　　数　283 千字
版次印次　2023 年 8 月第 1 版　　2023 年 8 月第 1 次印刷

定　　价　68.00 元

序

我国是世界上地质灾害最严重的国家之一,地质灾害分布广、危害大,防治任务持久艰巨。其中,崩塌、滑坡、泥石流、岩溶塌陷、采空塌陷、地裂缝、地面沉降等地质灾害是导致人员伤亡的主要地质灾害类型。

2023年1月,自然资源部发布的《全国地质灾害防治"十四五"规划》提出:到2025年,健全完善地质灾害风险防控为主线的综合防治体系,提升地质灾害防治能力和防御工程标准,最大限度地防范和化解地质灾害风险。完善"人防+技防"地质灾害监测预警体系,"十四五"期末累计建成6万处普适型地质灾害监测网点,提升地质灾害预警时效性和覆盖面。在科技信息能力提升方面,充分利用国产卫星、无人机、测绘地理信息和地面调查等手段,建立综合遥感识别技术体系,提升地质灾害隐患动态识别技术水平;综合运用无线组网与物联网技术、GNSS技术、多参量数据融合技术等新型技术手段,研发普适型智能化实时监测预警装备;利用人工智能、移动互联、区块链、大数据等技术,加强地质灾害风险评价,健全完善全国地质灾害综合信息平台;创新一批地质灾害防治理论和关键核心技术,完善地质灾害防治标准体系。

水库是江河防洪工程体系的重要组成部分,也是调控水资源时空分布、优化水资源配置最重要的工程措施,在国民经济和社会发展中起到十分重要的作用。截至2021年底,全国已建水库98 000多座,总库容达到1 119亿 m³。水库工程在蓄水后,受水库库容的增加、水位的升落、水库地壳压力增大等多方面因素的影响,库区及周边将诱发或加剧地质灾害,危及库区居民生命财产安全。提前监测预警和防治各种地质灾害,而不是反应于灾害发生之后,是地质灾害防治的重点和基本原则。因此,构建水库地质灾害防治工程预警系统,对库区可能发生地质灾害的重点区域进行实时监测,及时分析整理相关数据,开发预警模型,构建预警预报及灾害防治体系,实现地质灾害监测和预警一体化,为地质灾害防灾减灾提供实时信息服务,为相关部门决策提供可靠的技术支持。

本书作者从事地质灾害评估、监测、预警分析和治理工作十多年,积累了大量的生产实践经验,该研究成果成功应用于南水北调中线水源地丹江口水库库区地质灾害监测预警平台等多个大中型水库的地质灾害监测预警,取得了良好的效果,在国内库区地质灾害监测预警信息系统中处于行业内先进水平。本书较为系统地阐述了监测预警系统总体框架、数据传输与接收、监测预警子系统的建设、数据库的建设和处理、系统安全与权限设计、数据采集传输系统应用和预警平台应用实例,是一本实用性、操作性很强的书,相信对从事地质灾害监测的相关技术人员、管理人员会有很大帮助。

我们期待，随着该预警系统的投入使用和不断完善，最终能成为一个真正实用、高效的地质灾害预警决策支持系统。在地质灾害的数据分析、评价、预测预警方面更具科学性和可靠性，为水库库区预防地质灾害发生、减少生命财产损失提供技术支撑。

齐南栖

2023 年 5 月

前　言

传统的库区地质灾害监测主要是通过常规监测手段获取重点地质灾害的状态信息，通过群测群防等获取非重点地质灾害的状态信息。此类方法监测效率低、人力消耗大、应急响应速度慢，且内业整理数据耗时较长，使得监测数据常常不能及时反映地质灾害状态。因此，需要建立一套集远程数据采集、处理、分析和预警预报于一体的地质灾害监测预警系统，以提高地质灾害监测、分析和预警效果。

本书以南水北调中线水源地丹江口水库库区的地质灾害监测预警系统为依托，在人工专业监测基础上开发构建了库区地质灾害监测工程预警系统，集自动化监测与人工监测于一体建立了地质灾害体的预测预报及评价模型库。该系统模型以实现库区地质灾害监测预警智能化为核心目标，采用先进的网络技术、地理信息技术、虚拟仿真技术和基于多用户并发的 WEB 异步服务技术，构建了基于三维真实地理景观的实用化预警决策支持系统，满足了库区单个地质灾害体变形性态的短期、中期、长期分析预测，形成了新型地质灾害体监测预警信息体系，对于保障库周居民生命财产安全具有重要意义和实际应用价值，经济效益显著。

本书结合工程实践构建了库区地质灾害监测预警系统，包括三维地理信息、地质灾害信息、专业监测、群测群防、预警分析、系统管理和地质灾害点三维激光扫描成果展示等子系统，实现了流畅的海量数据交换及三维地理信息展示与分析，实现了基于地质灾害信息、地质灾害危险性评价成果、专业监测数据、多种专业预警模型和预警流程的专业地质灾害预警分析与预测预报，为地质灾害预警提供了信息管理科学化、应急响应快速化、辅助决策高效化的支撑平台。

全书共 10 章，第 1 章、第 2 章介绍了传统的地质灾害监测预警研究现状及预警系统建设需求，由刘振红撰写；第 3 章、第 4 章、第 5 章介绍了地质灾害监测预警系统的总体框架、数据传输与接收及主要功能模块应用，由李国权、刘贺共同撰写；第 6 章介绍了数据处理与数据库建设的设计原理及实现方法，由马冰撰写；第 7 章、第 8 章介绍了系统安全与权限设计及数据采集传输系统应用，由孙红义撰写；第 9 章结合工程实例，介绍了预警平台的应用实例，由李国权、刘贺撰写；第 10 章对地质灾害监测预警系统进行了总结，并结合地质灾害监测预警发展趋势，对该地质灾害监测预警系统进行了展望，由刘振红撰写。全书由刘振红、李国权策划、统稿。

本书所述成果由相关作者生产实践成果总结而形成，已成功应用于南水北调中线水源地丹江口水库库区地质灾害监测预警平台近 10 年，在国内库区地质灾害监测预警信息系统中处于行业内先进水平。齐菊梅在库区地质灾害监测预警系统功能需求、架构设计、平台研发、项目立项策划及本书编写过程中给予了全程指导并为本书作序；裴丽娜、王艳等参与了监测预警系统数据库的设计和建设，为数据库处理与数据库建设及其他章节与数据库有关的内容提供了部分资料和图件，在此深表谢意！此外，本书在撰写过程中，参考了大量的文献资料,在此谨向有关作者致谢!

本书紧密结合工程实例,详细介绍了地质灾害监测预警系统的关键技术、实现方法、应用指南和实际工程应用情况,相信本书的出版能为广大相关专业人士及地质灾害监测领域提供有益的借鉴和参考。

由于作者水平有限,书中难免有疏漏与不足之处,敬请广大读者批评指正。

作 者

2023 年 5 月

目　录

第 1 章　绪　论

地质灾害通常指由于地质作用引起的人民生命财产损失的灾害,可划分为 30 多种类型。由降雨、融雪、地震等因素诱发的称为自然地质灾害,由工程开挖、堆载、爆破、弃土等引发的称为人为地质灾害。我国地质灾害具有分布广泛、活动频繁、危害严重的特点,常见的地质灾害主要指危害人民生命财产安全的崩塌、滑坡、泥石流、地面塌陷、地裂缝、地面沉降等六种与地质作用有关的灾害。地质灾害监测可以捕捉到灾害地质体形变自然规律和临灾信息的捕获及其解读,监测信息化预警可以推演灾害风险的发展及采取部署高效的应对措施。

水库工程在蓄水后,受水库库容的增加、水位线的升落、水库地壳压力增大等多方因素影响,库区及周边地质灾害将出现加剧的趋势,可能导致库区范围出现新的滑坡和库岸的稳定性等问题,危及库区居民生命财产安全。为确保蓄水安全,同时保障人民群众的生命财产安全,对库区可能发生地质灾害的重点区域,构建水库地质灾害防治工程预警系统,对实时监测数据及时分析和整理,开发预警模型,构建预警预报及灾害防治体系,实现地质灾害监测和预警网络一体化、信息化,是增强库区地质灾害预警应急响应速度的有效方式,可为地质灾害防灾减灾提供实时信息服务,为地方政府决策提供可靠的技术支撑。

(1)地质灾害监测综合数据管理平台建设是高效利用监测系统并实现智能化监测手段的有效途径。

地质灾害监测综合数据管理平台可对各类数据进行规范管理,统一制定监测数据库标准、监测数据存储格式及方式,统一作为基础地理信息的遥感航拍数据,GIS 矢量数据的坐标系统和投影系统能够在丰富的基础底图上方便地叠加各类专题图,显示和综合分析各类监测数据,展示预警模型计算成果等,从而更高效地发挥监测系统的作用,为管理部门提供有效的基础数据和决策依据。

(2)基于 GIS 的地质灾害预警模型开发是灾害风险评估及预测预警的重要手段。

为了实时掌握库区地质动态变化情况并及时做出响应,除构建地质灾害监测系统外,还需要建立地质灾害预警模型,基于地质灾害多样性及其变化的随机性和非稳定性特点,综合利用数学算法和 GIS 技术分析诱发地质灾害的地形地貌、地质、气象、水文等要素,计算各个因素导致地质灾害发生的权重指数及各监测站点的易发级别,并运用日降雨量、降雨强度等指标计算出地质灾害发生的概率,通过区域化易发等级图与降雨图的叠加分析,采用地质–气象耦合方法,实现了地质灾害的预测预警。

(3)预警决策支持及信息发布系统可为库区地质灾害防治提供智能决策支持。

科学有效地做好地质灾害防治工作是保障经济社会全面协调可持续发展的重要工作。地质灾害的影响因素繁多,仅仅依靠有限的实测监测点数据难以全面获得库区地质灾害的危险等级和重点防治区域信息。因此,运用先进科技手段,提高地质灾害的预报预警能力和防治水平,建设具有智能决策支持的预警系统是促进库区经济全面协调发展,实现人与自然和谐相处的有力保障。

　　库区地质灾害监测预警系统以实现地质灾害监测预警智能化为核心目标,建设基于"3S"技术、具有整合和可扩展功能、网络模式下的实用化预警决策支持系统,实现流畅的海量数据交换及基于真实地理景观的三维信息展示,系统可动态加载实时监测数据和三维激光扫描成果,通过业务流程管理模式和专业预警模型开发,具备地质灾害风险的专业分析、评价、模拟及灾害防治的决策支持功能,实现基于专业监测信息的智能化、响应快速化、决策科学化的地质灾害预警系统。

第 2 章　系统建设需求

2.1　功能建设

传统的区域地质灾害监测主要是通过群测群防获取非重点地质灾害的状态信息,以常规监测手段获取重点地质灾害的状态信息。群测群防需消耗大量人力,而传统的监测内业整理数据耗时较长,使得监测数据常常不能实时反映地质灾害的状态。此外,地质灾害发生之前,往往气象条件和地质条件都非常恶劣,传统的人工变形监测不能实时获取监测目标状态,人身安全和设备安全也得不到保障。因此,需要建立一套集远程数据采集、处理、分析和预警预报于一体的地质灾害监测预警系统,提高地质灾害监测、分析和预警效果。

预警系统要求以三维地理信息技术和地质灾害专业监测技术为基础,集成各种基础地理信息、地质灾害信息、监测设备信息以及各类监测数据和专题数据,为地质灾害监测人员提供直观的地质灾害三维视图和便捷的地质灾害数据管理。

建立包括专业监测和群测群防监测的地质灾害体监测数据库,及时录入监测信息,并对所有地质灾害体监测数据进行有效的管理、查询、分析。

建立地质灾害体的预测预报及评价模型库,在 GIS 下统一管理各类数据库,形成地质灾害体监测预警信息网络体系。

具体包括:

(1)系统直接服务于地质灾害信息管理,实现信息的录入、查询、统计、空间分析和输出等功能。

(2)能够与地质灾害专业监测点实现接口,自动获取该监测点监测数据并进行图表表达与数据分析。

(3)根据"区域地质灾害地质–气象耦合模型"实现计算机自动化生成区域地质灾害预警预报的空间分布图。

(4)根据专业监测信息数据库,建立各类数学模型,以满足库区单个地质灾害体变形性态的短期、中期、长期预测,更重要的是实现对单个地质灾害体破坏爆发时间的超短期预测。

(5)实现基于专业监测信息的地质灾害预警系统,为地质灾害群测群防和地方政府防灾减灾决策提供可靠技术支持。

2.2　数据建设

系统主要包括以下 5 类数据:

（1）自然地理数据。主要包括行政区划、交通位置、地表水系、城镇村落基础设施及DEM数据等，主要为一些基础数据提供管理的背景条件，并用于信息发布的地理底图。

（2）地质灾害类数据。主要有灾害点相关调查信息、平面图、剖面图等，地质灾害分布图、遥感解译图、易发区划图、危险区划图、防治规划图等。

（3）地质灾害专业监测数据。主要有分布图、站点信息和监测数据。例如地表位移、深部位移、地下水、降雨量等监测数据，以及监测点信息（责任人、安装位置等），这部分数据作为管理者查询使用。

（4）群测群防数据。包括2卡1表数据及行政责任人数据。

（5）综合文档和其他数据。包括项目简介、项目成果报告、多媒体等。

第 3 章 监测预警系统总体框架

3.1 监测预警系统架构

地质灾害发生于地形起伏的环境,一般常见于具有坡度的三维地貌体。因此,基于三维环境进行地质灾害监测预警系统的建设,是将自然地理的环境通过数字化仿真的方式在计算机上进行展示、查询和控制,逼真地再现灾害现场所有的信息。将地质灾害预警模型与 GIS 平台相结合,实时接收气象、水文等数据,以行政村作为最小预警点,实现地质灾害的实时快速预警。

系统的软件体系结构采用以数据库为技术核心、地理信息系统为支持的 B/S 模式,即在系统软件和支撑软件的基础上,建立应用软件层/信息处理层/数据支撑层的多层结构(见图 3-1),不同的服务层具有不同的应用特点,在处理系统建设中也具有不同程度的复用和更新。其中数据层和组件层的通信支持多源异构数据库的读取和存储,业务层通过对组件层的应用封装,提供简洁实用的业务操作服务。表现层可以三维、统计图标等形式表现,提供可视化的操作方式。

(1)数据层:主要提供整个系统的数据以及各种基础数据的存储和管理。这一层的服务是整个系统运行的基础。

数据分为空间数据、属性数据、监测数据、多媒体数据、元数据。空间数据包含各类栅格和矢量格式的地理信息数据、地质灾害点位置的航空影像数据和地形数据,以及所有地质灾害监测点、每个传感器的位置信息等;属性数据对应着每个具体地物、传感器等的相关说明;监测数据分为实时监测数据和巡检数据,其中巡检数据为人工录入方式,而实时监测数据为远程传感器实时传输导入,具有一定的实时性,且存在频繁的数据访问;多媒体数据主要为图片;元数据是描述数据的数据。

(2)组件层:主要提供业务层使用的相关组件,包括相关的模型和算法,是一种细粒度的服务,其中的各种算法会随着监测数据的积累和应用的深入不断完善。

(3)业务层:主要提供面向最终用户使用的各类服务,其内容包括三维地理信息子系统、地质灾害信息子系统、专业监测子系统、群测群防子系统、预警分析子系统、系统管理子系统和地质灾害点三维激光扫描成果展示子系统。

(4)表现层:主要包括人机交互服务和输入输出服务等。这一层次的服务与其他服务都有一定的相关性。本系统的表现层采用以 Adobe 公司的 FLEX 为主进行客户端的开发。整个系统运行于浏览器下。系统可远程访问,通过登录模式进行登录操作,对用户进行认证。不同的用户根据不同的角色进行操作界面的组织,实现不同级别的用户同步操作。

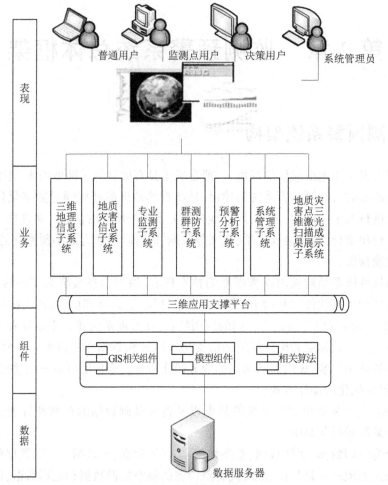

图 3-1 系统软件体系结构

在对地观测技术和互联网技术的推动下,当前较前沿的地质灾害监测方式是采用基于互联网的地理信息系统,即基于 B-S 构架的 Web GIS 系统,并在大数据量的支持下构建类似 Google Earth 数字地球模式的真实场景,将各类信息在三维场景中进行可视化管理和分析,并通过互联网方式提供远程接入方式。

系统总体架构和软件功能框架如图 3-2 和图 3-3 所示。

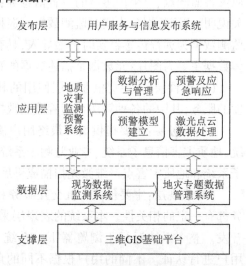

图 3-2 系统总体架构

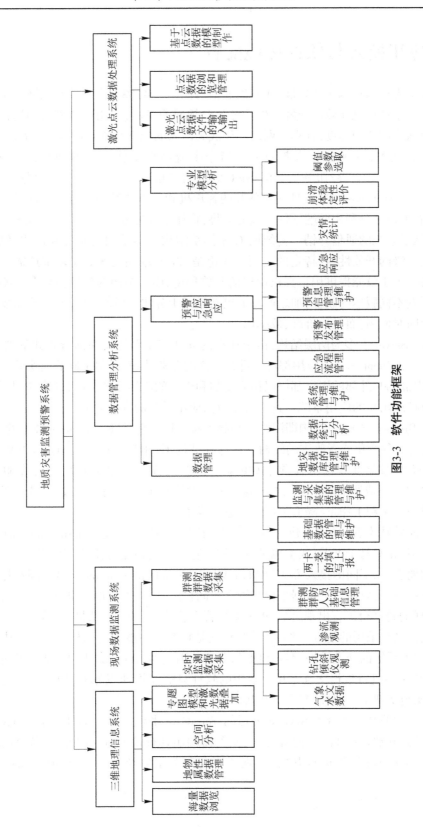

图3-3　软件功能框架

3.2 应用模式与软件环境配置

当今世界科学技术飞速发展,尤其以通信、计算机、网络为代表的互联网技术更是日新月异。由于计算机在政治、经济、生活等各个领域的发展、运用以及网络的迅速普及和全社会对网络的依赖程度,计算机网络已经成为国家的经济基础和命脉,成为社会和经济发展的强大动力,其地位越来越重要。当今主流网络结构主要有两种,即 B/S 结构(Browser/Server,浏览器/服务器结构)和 C/S 结构(Client/Server,客户机/服务器结构)。

C/S(Client/Server)结构,即大家熟知的客户机和服务器结构。它是软件系统体系结构,通过它可以充分利用两端硬件环境的优势,将任务合理分配到 Client 端和 Server 端来实现,降低了系统的通信开销。传统的 C/S 体系结构虽然采用的是开放模式,但这只是系统开发一级的开放性,在特定的应用中无论是 Client 端还是 Server 端都还需要特定的软件支持。由于没能提供用户真正期望的开放环境,C/S 结构的软件需要针对不同的操作系统开发不同版本的软件,加之产品的更新换代十分快,已经很难适应百台电脑以上局域网用户同时使用,而且代价高、效率低。

Client/Server 大多为两层结构,由于现在的软件应用系统正在向分布式的 Web 应用发展,Web 和 Client/Server 应用都可以进行同样的业务处理,应用不同的模块共享逻辑组件,因此内部的和外部的用户都可以访问新的和现有的应用系统,通过现有应用系统中的逻辑可以扩展出新的应用系统。这也就是目前应用系统的发展方向。

B/S(Browser/Server)结构即浏览器和服务器结构。它是随着 Internet 技术的兴起,对 C/S 结构的一种变化或者改进的结构。在这种结构下,用户工作界面通过 WWW 浏览器来实现,极少部分事务逻辑在前端(Browser)实现,而主要事务逻辑大都在服务器端(Server)实现,形成所谓的三层结构。这样就大大简化了客户端电脑载荷,减轻了系统维护与升级的成本和工作量,降低了用户的总体成本。

以目前的技术看,局域网建立 B/S 结构的网络应用,并通过 Internet/Intranet 模式下数据库应用,相对易于把握,成本也是较低的。它是一次到位的开发,能实现不同的人员,从不同的地点,以不同的接入方式(比如 LAN,WAN,Internet/Intranet 等)访问和操作共同的数据库;它能有效地保护数据平台和管理访问权限,服务器数据库也很安全。特别是在 JAVA 这样的跨平台语言出现之后,B/S 架构管理软件更是方便、快捷、高效。

本预警系统采用的是 B/S 结构,这种模式是将系统功能实现的核心部分集中到服务器上,简化了系统的开发维护,客户机上只要安装浏览器(Browser)即可,浏览器通过 Web Server 同数据库进行数据交互。B/S 架构的软件只需要管理服务器,把服务器连接专网即可,方便地实现了远程维护、升级和共享。

系统采用的基本平台为 Skyline 公司的 TerraGate 平台。客户端开发采用 JavaScripte 和 Flex,服务器端采用 Java。除此之外,服务器端还具有预警后台服务、大数据的异步队列服务,均采用.net 框架进行开发,实现了不同业务定制及相互整合,满足系统的可扩展性。

系统主要软件配置见表 3-1。

表 3-1　系统主要软件配置

类别		名称
操作系统	客户端浏览器	Netscape Navigator 或 Internet Explorer
	服务器端	Windows 2003 Server
数据库服务器		SQL Server
系统架构		B/S 模式
三维平台	表现平台	Skyline
	建模工具	Autodesk 3ds Max
开发工具	开发工具	Eclipse，Flash Builder，Visual Studio 等
	开发语言	Java，.net，C++/C#等

3.3　Skyline 三维应用支撑平台

基于一套稳定、高效、功能强大的三维 GIS 组件进行系统开发，是当前三维 GIS 应用平台成败的关键，尤其在互联网上进行多用户海量数据的并发访问，对三维 GIS 组件提出了极高的要求。

Skyline 是一套优秀的三维数字地球平台软件，凭借其国际领先的三维数字化显示技术，它可以利用海量的遥感航测影像数据、数字高程数据，以及其他二、三维数据搭建出一个对真实世界进行模拟的三维场景。在二次开发方面，Skyline 能够提供的接口以及整个产品服务流程都要比 Google Earth 强大。目前在国内，它是制作大型真实三维数字场景的首选软件。Skyline 主要有以下几个优点：

（1）产品线齐全，涵盖了三维场景的制作、网络发布、嵌入式二次开发的整个流程。

（2）支持多种数据源的接入，其中包括 WFS，WMS，GML，KML，Shp，SDE，Oracle，Excel，以及 3DMX，Sketch up 等，方便信息集成。

（3）通过流访问方式可集成海量的数据量，它可制作小到城市，大到全球的三维场景。

（4）飞行漫游运行流畅，具有良好的用户体验。

（5）支持在网页上嵌入三维场景，制作网络应用程序。

Skyline 产品结构如图 3-4 所示。

Skyline Terrasuite 主要包含 3 类产品：

（1）TerraBuilder。融合海量的遥感航测影像数据、高程和矢量数据，以此来创建有精确三维模型景区的地形数据库。

（2）TerraExplorer。它是一个桌面工具应用程序，使得用户可以浏览、分析空间数据，并对其进行编辑，添加二维或者是三维的物体、路径、场所以及地理信息文件。TerraExplorer 与 TerraBuilder 所创建的地形库相连接，并且可以在网络上直接加入 GIS 层。

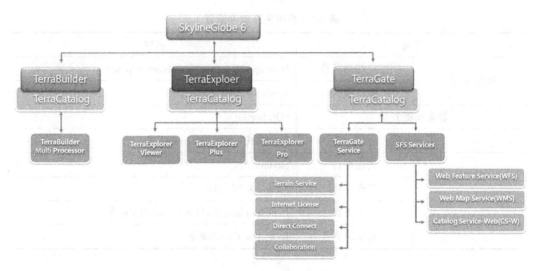

图 3-4　Skyline 产品结构

（3）TerraGate。它是一个发布地形数据库的服务器,允许用户通过网络来访问地形数据库。TerraBuilder 可以使用用户的地理参考创建一个现实影像的、地理的、精确的地球三维模型。Skyline 软件产品系列的模块能够利用其中的编辑工具集合数据为地物的覆盖或附加创建三维背景,TerraBuilder 能够结合大量的航片、卫星影像、地理地表信息、数字高程模型和矢量数据,简洁、快速地创建大量三维地表数据集。它支持多种输入格式,能够合并不同分辨率和大小的数据,将数据进行重新投影生成相同投影参考的数据。它还能够为最后生成数据集对选择的源数据进行区域裁减。TerraBuilder 能够生成任意大小的现实的、详细的视景。视景生成后,合成的网络支持的 3D 地表数据集能够添加二维和三维动态或静态物体,并且能够传送给终端用户。TerraBuilder 主要用于项目的数据制作,无须购买。

TerraBuilder 界面如图 3-5 所示。

TerraExplorer 提供了三维 GIS 的大多数功能,包括对利用 TerraBuilder 创建的地形数据进行各种浏览、信息标注、分析和模拟仿真等。具体而言,主要特性有:能通过网络有效地为地表传输数据或进行叠加;能为生成公开的、丰富的 3D 地表可视化场景提供所有需要的工具;包含交互式的画图工具在三维地表模型上创建和添加几何图形、用户定义的物体、建筑物、文本、位图等;能够生成和导入静态和动态二维及三维物体、符号和地理参考信息层;能够加载标准在线和无线的 GIS 层;能将层保存为 GIS 标准文件格式;采用标准 COM 界面与外面本地和网络应用程序相连接;能够控制其中所有的静态和动态物体、信息层与应用程序;拥有一系列测量和地表分析工具;自动驾驶特征能够在 TerraExplorer 中创建预定义路线并进行重复播放;采用鼠标、键盘和飞行控制板的结合来控制速度、高度和视角;能够通过已经记录的飞行路径创建飞行动画(AVI 格式)或一组帧文件;能够生成三维窗口的快照并保存为另外的文件;超链接特征能够把特定区域、物体连接到网页、应用程序和数据集上;能够集合文本和网络内容上的信息;利用发布工具能够将视景输出给 Internet 或局域网的用户;能为本地和远程用户提供改良级的安全设置。

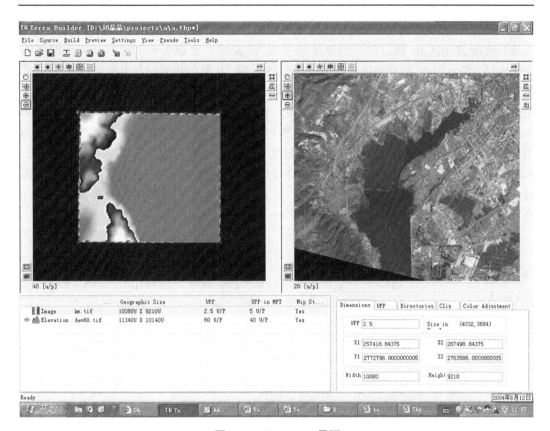

图 3-5　TerraBuilder 界面

TerraExplorer 运行界面如图 3-6 所示。

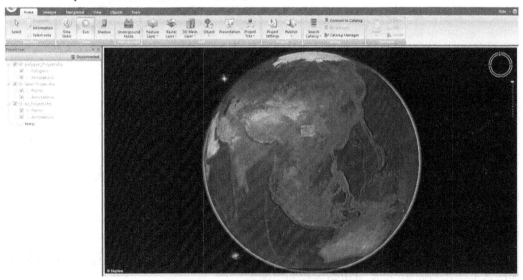

图 3-6　TerraExplorer 运行界面

TerraGate 是一种强大的网络数据服务器技术,它能够现时传送 3D 地理数据。能够同时向数以千计的客户传送 Skyline 数字地球数据。通过和 TerraBuilder、TerraDeveloper 等进行连接,TerraGate 使得数字地球能够实现,并实现了地理参考的背景和基于网络的应用程序。TerraGate 和视频流技术有着明显的不同,因为它的运行是基于网络无缝可变带宽的,并且不会被连通性的潜伏和中断而影响。当初始影像以低分辨率被用户所接收,用户就能够开始进行三维显示,而不用等到所有的数据集都传输完毕。这项技术的突破为用户提供了无缝的三维图像。TerraGate 客户服务器对模型进行优化,能使数以千计的用户接收带宽由低到高的实质的无限制量的数据集,给每个用户不间断的观看效果。TerraGate 的技术是可以无限升级的,它允许位于不同地区的多个服务器共同分担负荷同时传输三维数据集。在多处理器的环境下,TerraGate 能够在所有可用的处理器中自动分配负荷。

TerraGate 工作示意如图 3-7 所示。

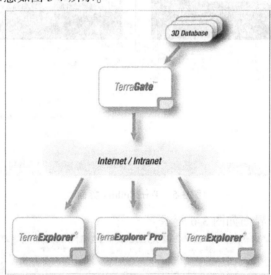

图 3-7　TerraGate 工作示意

3.4　系统运行主界面设计

系统交互式界面设计一般遵循以下一些原则:

(1)系统界面直观简洁。软件系统界面设计需要遵循一致、直观、功能性突出这三方面原则,使得用户在简单直观的界面下,灵活使用软件的功能。

(2)保持一致性。语言、布局和设计是需要保持一致性的几个界面元素。一致性的界面可以让用户对于如何操作有更好的理解,从而提升效率。

(3)方便使用原则。符合用户习惯为方便使用的第一原则。其他还包括实现目标功能的最少操作数原则、鼠标最短距离移动原则等。

(4)界面色彩要求。计算机屏幕的发光成像和普通视觉成像有很大的不同,应该注意这种差别,做出恰当的色彩搭配。对于需用户长时间使用的系统,应当使用户在较长时间使用后不至于过于感到视觉疲劳为宜。

（5）界面平面版式要求。系统样式排版整齐划一，尽可能划分不同的功能区域于固定位置，方便用户导航使用；排版不宜过于密集，避免产生疲劳感。

基于以上原则，我们开发的系统运行主界面如下：

系统通过浏览器输入特定地址启动，启动后打开如图 3-8 所示登录界面，用于不同权限用户的登录。

图 3-8　系统登录界面

系统运行主界面（见图 3-9）分为如下几个部分：

图 3-9　系统运行主界面

（1）标题栏部分。位于系统上方，主要用于显示当前系统名称。此外，以滚动方式轮流显示当前所有监测点的预警结果。

（2）一级菜单。标题栏下方为一级菜单，为七个主要功能。点击此菜单将刷新左侧的二级菜单或控制面板，同时改变系统主要内容展示区。

（3）控制面板。系统左侧为控制面板,控制面板以分页方式显示,每一页相当于二级菜单。控制面板可以通过点击完全缩回,使显示主内容区变大,也可以点击恢复。

（4）主内容区。主内容区占据了界面最大面积,用于显示三维浏览、业务操作等主要功能。以 TAB 页的方式分页显示各类不同功能,其中三维地理信息为默认常开模式,无法关闭,其他功能都可以打开和关闭。通过点击 TAB 标题,或者点击主菜单(或者控制面板)对主内容区进行切换。

第 4 章　数据传输与接收

4.1　数据传输

　　水库区地质灾害体一般分布不集中,相互间距离较远且交通不便,为了使各个自动观测站的数据都能接入预警系统,从实用性、稳定性和经济性上考虑,本系统拟采用 GPRS 数据传输模块来实现数据的无线传输。

　　GPRS 是在现有的全球移动通信系统上发展出来的一种新的分组数据承载业务,特别适合于不间断的、突发性的或频繁的、少量的数据传输。根据自动观测站资料数据量较小、资料传输次数密度大、资料传输突发性高等特点,GPRS 是当前适合自动观测站数据无线传输系统组建的可靠技术。在自动观测站的 GPRS 模块中插入了移动通信的 SIM 卡,在 SIM 卡不欠费的情况下可保证实时、高效、高性价比的无线数据传输。系统原理示意图见图 4-1。

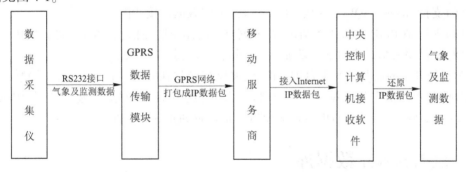

图 4-1　GPRS 无线数据传输系统原理示意图

　　自动观测站由气象传感器、数据采集仪、电源系统、轻型百叶箱、野外防护箱和不锈钢支架等部分构成。温度和雨量传感器为气象专用传感器,具有高精度、高可靠性的特点。微电脑气象数据采集仪具有气象数据采集、实时时钟、气象数据定时存储、参数设定、友好的人机界面和标准通信功能,原理示意图见图 4-2。数据采集、传输与接收系统采用市场上成熟的设备供应商。

4.2　数据接收

　　数据接收软件安装于室内台式服务器或便携式移动服务器电脑之中,可以实时地监测、下载、存储实时及历史数据,并可通过电脑查询,分析所传输的数据。软件需具备以下功能:

　　(1)软件界面简约、美观友好,数据显示清晰,操作简单。

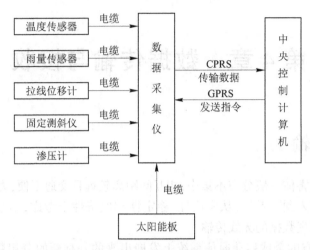

图 4-2　自动观测站原理示意图

（2）具有实时数据、历史数据下载、储存的功能,数据查询方便。

（3）具有数据备份、数据清理、数据查询、数据统计、数据打印等人性化功能。

（4）软件功能齐全,设置简单,可实现数据波形的显示和数据、报表的导出与打印。

（5）完善的管理机制,不同用户级别可设定不同用户权限。

（6）支持 Access、SQL 开发数据库,具有强大的数据连接功能。

（7）支持 TCP/IP 网络体系结构、Web 网页实时浏览监控信息,实现管理集成化。

（8）提供报警信息实时显示功能,用户可自由设置报警参数。

为了与开发的监测预警平台进行衔接,需要把接收到的野外自动观测站采集的实时监测数据存入到指定的数据库中。软件除了本身的 Access 数据库,还需支持 Microsoft SQL Server 2000、Microsoft SQL Server 2005、Microsoft SQL Server 2008 数据库。

4.3　SQL Server 数据库

微软公司开发了 SQL Server 数据库,其应用范围相当广泛,功能非常完备,就通用性而言,其如同一个数据库管理系统,能为数据的输入、输出以及存储提供可靠的保证;还可将其视为一套关系型数据库,业务关系紧密,复杂程度较高;而从分布的角度看,可在大范围内实现分布式存储与处理,将其部署在服务器端后,即可访问和使用它,而不会受到操作系统的限制。

SQL Server 数据库具有如下特点:

（1）具有完备的数据管理功能。①有海量数据包含在其中;②数据保存持久;③数据可实现共享;④数据可靠稳定。

（2）产品关系完备。①信息准则,在逻辑上关系型 DBMS 的所有信息均要以表中的值显式地表示。②确保访问的准则。③更新视图准则,只要改变了促使视图形成的表中的数据,视图中的数据就要及时予以更改。④数据物理性和逻辑性独立准则。

（3）分布式处理功能。SQL Server 数据库自 SQL Server 2005 版本之后增加了分布式处理功能,并在 SQL Server 2007 版本之后愈发完善起来。SQL Server 数据库的优点包括方便和扩展性高、应用程序的复合程度和融合程度高等,可以供多种服务器平台使用。在构建本系统时所使用的是 SQL Server 2008 版。

　　本系统开发选择 SQL Server 的原因如下:①SQL Server 是由微软公司推出的一款关系型数据库管理系统,可以高效地运行在 Windows 操作系统上。使用 SQL Server 能够充分利用 Windows 系统资源,使得开发更加简单。②数据库容量大小无极限限制,可容纳海量数据。本系统中所涉及的数据具有大量、多样的特点,SQL Server 可以满足。③具有丰富的编程接口工具,为系统的开发设计提供了更多的选择。④具有图形用户界面,可以直观、快速地进行系统管理和数据库表的管理。

　　总之,从系统的数据容量与开发平台的兼容性、可编程性等方面综合考虑,选择 SQL Server 数据库作为本系统的数据库管理工具。

第 5 章　主要功能模块

系统以具备互联网发布能力的三维 WebGIS 平台为基础,所包括的子系统有三维地理信息子系统、地质灾害信息子系统、专业监测子系统、群测群防子系统、预警分析子系统、系统管理子系统、地质灾害点三维激光扫描成果展示子系统。

5.1　三维地理信息子系统

5.1.1　总体概述

三维地理信息子系统作为本系统的主要操作界面,以数字地球的三维场景展示方式集成了水库库区的影像和地形,并叠加各类矢量数据,以及地灾实时监测数据、传感器相关信息等属性数据。三维地理信息子系统提供了三维场景浏览、漫游、查询、场景切换、测量、分析以及多种显示模式。

本系统的三维 WebGIS 部分采用了美国 Skyline 公司的三维 GIS 软件 TerraExplore 以及其网络组件 TerraGate,它能够现时传送 3D 地理数据,能够同时向多客户端传送 Skyline 数字地球数据。通过与 TerraExplore 等进行连接,TerraGate 可实现地理参考的背景和基于网络的应用程序。本项目将涵盖 14 个坍岸段监测点的高精度影像、地形和激光采集数据通过 TerraGate 进行发布,通过客户端的 TerraExplore 组件进行远程浏览、查询和分析。

图 5-1　基本的导航控制面板

在三维场景中提供了类似谷歌的鼠标操作模式,基本的导航控制面板如图 5-1 所示。通过导航控制面板可以直接操作三维场景的视点位置,实现三维场景的任意浏览操作。此外,通过鼠标左键和滚轮,用户也可以方便地任意操作场景,其实现效果和导航控制面板类似。所有 14 个地质灾害点位置以及每个地面传感器布设点、灾害范围、剖面位置等信息都在三维场景中进行了标识(见图 5-2)。每个标识都可以通过鼠标双击实现响应,实现特定的功能。

整个场景的数据以树状图方式组织,包括基本图层控制、监测点控制和兴趣点(POI)控制(见图 5-3)。其中 POI 控制为各个地质灾害监测点,可以通过点击直接在三维场景中跳转到各个监测地点位置;监测点图层同样为各个地质灾害监测地点,以树状图方式分别显示了观测点、图元、剖面、控制点、现场站、传感器等各类信息,通过双击子节点三维场景可以实现直接定位跳转到该目标(见图 5-4)。图层控制涵盖了河流水系、行政区划以及激光扫描数据的显示控制。所有的元素都可以使用 CHECKBOX 进行显示的控制。

图 5-2　三维场景浏览与目标标识

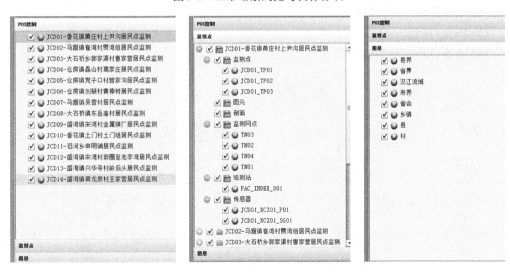

图 5-3　三维地理信息子系统控制面板

5.1.2　功能描述

5.1.2.1　三维场景子菜单

三维场景子菜单位于场景的上端,以图文缩放的方式展示所有的三维功能(见图 5-5),这些功能包括:

(1)距离量测:水平量测、空间量测、垂直量测。

(2)面积量测:地表面积、平面面积。

(3)地表分析:等高线、坡度图、剖面、坡向图。

图 5-4　POI 跳转

（4）地表透明：地下模式、不透明、50%透明、75%透明、透明。

（5）地表绘制：直线、多边形。

（6）坐标跳转：坐标跳转。

（7）指北：指北。

（8）清除：单步清除、清除所有。

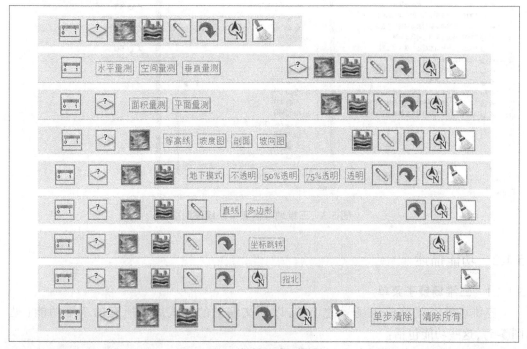

图 5-5　菜单功能展示

5.1.2.2　距离量测

距离量测分空间量测、水平量测和垂直量测。以水平量测为例，点击菜单项中水平量测,三维场景将进入测量模式,通过鼠标点击场景中特定的两个位置,直接在场景中标识出水平距离,如图 5-6 所示。空间量测是直接在场景中计算出鼠标选择的两点的三维空间直线距离,而垂直量测则标识出两点的相对高差。通过键盘 Esc 键可以退出测量状态。

图 5-6　距离量测

5.1.2.3　面积量测

面积量测是在三维场景中通过鼠标点击操作形成一个多边形,分别选择计算多边形的水平投影面积和地表覆盖面积。以选择地表面积为例,如图 5-7 所示,通过鼠标在场景中形成一个多边形,在计算面积时,要选择多边形内针对地形数据的采样间隔,一般而言,可以输入采样间隔小于实际地形分辨率的 50%,以 30 m 网格的地形而言,可以取 10 m 左右的采样间隔。采样间隔越小,密度越高,所需计算时间越长。本项目中,采用默认 5 m 采样间隔,一般可以在几秒内完成计算结果。

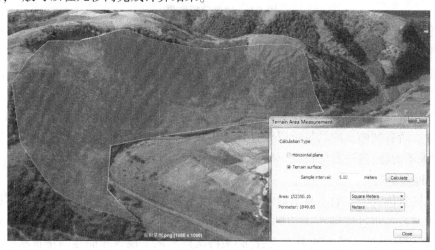

图 5-7　地表面积量测

5.1.2.4　地表分析

　　地表分析提供等高线绘制、坡度图、剖面分析和坡向图的功能(见图5-8)。其中,选择等高线绘制、坡度图和坡向图功能时都会弹出对应的属性对话框,用于选择各种属性参数,以等高线为例,需要输入等高线高程间隔、显示方式、透明度等。通过鼠标在场景中绘制出一个矩形区域,计算该区域内等高线,并绘制在该三维场景内。当鼠标在三维场景中移动到对应的等高线位置时将显示该等高线高程值。

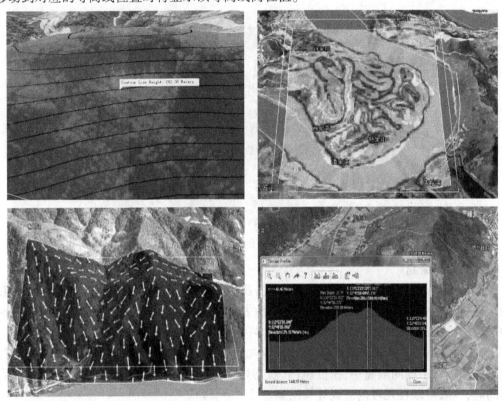

图5-8　地表分析结果

　　坡度图用颜色(在属性对话框中选择色表)标识出鼠标选择区域内场景地形的坡度计算结果。而坡向图则用箭头标识出鼠标选择区域内场景地形的坡向计算结果。剖面生成使用鼠标操作场景,在场景中地表上绘制一段折线,系统自动生成折线所经过的地表剖面。

　　剖面分析提供了剖面上坡度最大、最小位置,以及通过剖面上的点击改变当前三维场景的位置。所有剖面点的结果可以保存到客户端本地。对于等高线、坡度图和坡向图的结果,如果不清除,将一直保留在三维场景中。

5.1.2.5　地表透明

　　三维场景仿真中一般不显示地下部分,否则漫游操作将难以进行。地表操作提供了地下模式以及透明过渡到不透明的显示模式(见图5-9)。地下模式将视点移动到地表下,并提供网格参照。进入地下模式后,必须再次点击地下模式才能返回正常状态。地表透明可以按照地表不透明、50%、70%、100%透明方式处理地表显示。在需要突出显示地物时,需要将地表以一定透明度显示,以防止地表和地物之间的相互遮盖,尤其在显示激光点云数据时,采用透明方式可以完全显示出所有激光点云数据。

图 5-9　地表显示控制

5.1.2.6　地表绘制

　　地表绘制用于对地表进行标识性的绘制,采用鼠标在三维场景中直接绘制(见图 5-10),此时弹出属性对话框,在属性对话框内可以修改绘制线条的颜色、线宽、透明度等属性。多边形绘制操作类似。

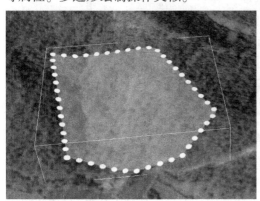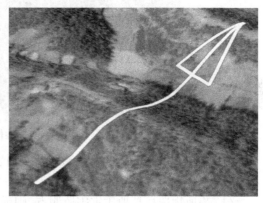

图 5-10　地表绘制

5.1.2.7　坐标跳转

　　坐标跳转功能通过输入确定的坐标值,三维场景自动跳转到指定坐标位置。该功能弹出如图 5-11 所示对话框,选择坐标系统,可以为地理坐标,也可以是投影西安 80 坐标,系统自动计算到经纬度,点击"定位",三维场景跳转到指定坐标。

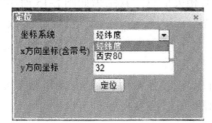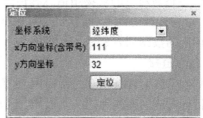

图 5-11　坐标跳转

5.1.2.8　指北

指北功能让场景直接旋转到北朝屏幕正上方的方向,该操作也可以通过双击导航控制面板的 N 达到相同的效果。

5.1.2.9　清除

用于清除各种临时结果,包括等高线、坡度、坡向、地表绘制等。分为单步清除和清除所有。系统在进行了多种分析后,各类结果都存储在内存中,容易导致内存负载压力过大,因此必须进行一定的释放。清除所有则释放掉所有临时结果。

5.1.2.10　地物拾取

所有的地物都具备热点的功能,当鼠标在三维场景中移动到特定的设备标识上,设备标识上将自动显示该设备名称,鼠标点击对象时,将弹出该对象基本信息对话框,显示相应的编码、名称、经纬度和高程信息,以及对应的详细信息链接,如图 5-12 所示。

图 5-12　属性信息点击显示

当在基本信息对话框中点击数据查询时,三维场景中弹出该目标的对应数据库内容。不同的目标对话框的内容各不相同:

(1)若地物选择是地质灾害监测点,则弹出该监测地点相应的基本信息,包括监测地点名称、灾害点名称、监测地点编码、灾害点类型、布置人、布置时间等信息。

(2)当地物选择是现场站时,对话框显示相应的现场站信息和对应的传感器列表信息。

(3)当地物选择实时传感器时,对话框显示相应的实时传感器的最近值(一周或一个月)曲线图、传感器对应的现场站信息和传感器相关信息。其结果如图 5-13 所示。

(4)当地物选择为人工观测点时,对话框显示实时传感器的最近值(一周或一个月)曲线图和相应的数据列表。

5.1.2.11　信息链接

当在基本信息对话框中点击剖面图、平面图、现场照片时,系统自动链接到新的网页并打开与目标对应的监测地点的剖面图、平面图和照片资料,如图 5-14 所示。

图 5-13　三维场景下灾害点监测信息快速查询

　　通过地理坐标的统一,支持对滑坡灾害点信息、居民信息、重要设施等地物的标识、表达和查询。标记方式可采用标准注记符、特殊文字和符号以及图片方式,并能通过飞行到达方式在场景中动态滑动到兴趣点。可以进行属性到场景以及场景到属性的双向查询,并能将兴趣点的多媒体信息展示在场景中。通过兴趣点链接方式,可以将所有兴趣点信息,例如某钻孔倾斜仪监测的各项参数、相关责任人、维护状态甚至厂家信息都进行链接,形成属性信息与三维场景信息的高度集成。

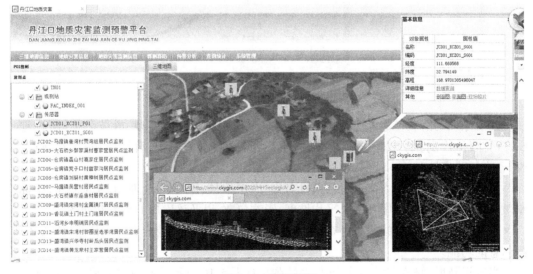

图 5-14　资料链接

5.2　地质灾害信息子系统

5.2.1　总体概述

地质灾害信息子系统包括地质灾害数据采集和地质灾害数据管理。通过地质灾害信息管理模块实现滑坡、崩塌、坍岸等调查表的信息录入、维护、浏览、查询和专题信息可视化。

5.2.2　功能描述

5.2.2.1　地质灾害数据采集

信息管理模块分为滑坡信息管理和库岸信息管理两个部分,提供的整体功能和表格如图 5-15 所示。

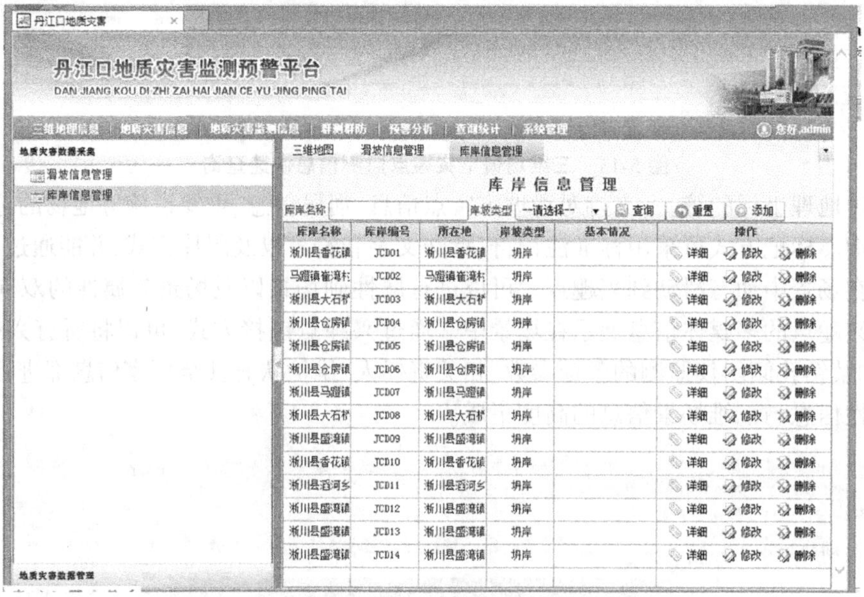

图 5-15　库岸信息管理界面

需要录入的滑坡基本信息包括项目名称、滑坡编号、滑坡类型、滑坡名称、所在地、(X,Y)坐标、岸别、距坝址里程、前缘高度、后缘高度、滑坡面积、滑坡体积、蓄水前稳定性、蓄水后稳定性和基本情况,以及该滑坡的典型断面图。

需要录入的库岸基本信息包括项目名称、库岸编号、库岸名称、所在地、(X,Y)坐标、岸坡类别、岸别、库岸长度、坡高、平均坡度、影响户数,以及该库岸的典型断面图。

主要的功能有信息的按条件查询功能、重置、添加信息,以及查看详细信息、修改和删除信息的功能。

当选择新增、修改和详细功能时,系统弹出如图 5-16 所示的滑坡数据编辑对话框,当选择典型断面图时,可以上传客户端本地的图片到数据库中。

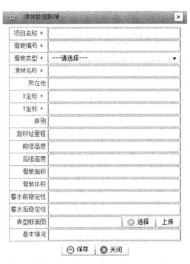

图 5-16　滑坡信息编辑对话框

5.2.2.2　地质灾害数据统计

此功能主要以行政区划的方式查询所有地质灾害点信息。按照行政区划提供了模糊查询的功能(见图 5-17)。

图 5-17　灾害信息统计

5.3　专业监测子系统

5.3.1　总体概述

专业监测子系统集成了自动监测数据和人工观测数据的管理。自动监测主要针对丹江口地质灾害监测地点的位移、温度、水位、雨量等监测项进行远程实时监控;人工观测数据通过人工巡检等方式观察和记录各种地灾观测值,形成位移和沉降等观测数据表,定期收集并录入系统的数据库中。系统提供了以曲线图的方式展现实时监测数据和人工观测数据,并对数据进行一定的统计分析,同时提供了依传感器和依监测项目进行统计的功能。监测子系统框架如图5-18所示。

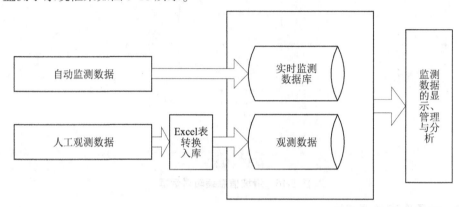

图 5-18　监测子系统框架

　　由于库岸段的现场具体情况各不相同,需要根据库岸的特点(地质灾害体的特征、稳定程度、规模大小、影响因素等)分别采取不同的监测手段来监测。对不同的地质灾害体确定适宜的专业监测项目,居民点库岸以地表变形监测和建筑物基础不均匀沉降监测为主,适当考虑地下水监测和气象监测等(见表5-1)。

表 5-1　监测项目观测监测周期一览表

项目名称		监测周期
表面变形监测	表面水平位移观测	7月、8月、9月,2次/月;其他月份1次/月
	表面相对位移监测	自动采集;人工采集和测距每季度1次
建筑物不均匀沉降监测		7月、8月、9月,2次/月;其他月份1次/月
深部位移监测	测斜仪观测	7月、8月、9月,2次/月;其他月份1次/月
	固定测斜仪观测	自动采集;人工每季度采集1次
地下水监测		自动采集;人工每季度采集1次
环境量监测	降雨量监测	自动采集
	气温监测	自动采集

5.3.2　功能描述

5.3.2.1　自动监测功能

　　自动监测功能分三个部分:实时自动监测数据、自动监测历史数据和自动监测信息查询统计。

　　实时自动监测数据主要是用来展现当前选择监测地点的所有传感器产生的数据。传感器数据一般都是集中到现场站,现场站为 16 通道输入,最多可以同时集成 16 个传感器值,通过互联网远程传输到数据库中。当选择某一个监测地点时,相当于选择了当前地点下的现场站所有数据,即当前监测地点下的所有传感器,以列表方式展示。同时,可以展示的是当前所有传感器的值,以曲线图的方式展示。整个操作流程是先选择监测地点,然后才出现其对应的所有传感器列表,激活某个传感器可以观看其实时数据,并可以选择实时数据时间的长度,操作过程如图 5-19 所示。

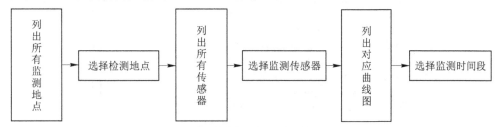

图 5-19 传感器监测数据查询流程

监测查询界面如图 5-20 所示。主要分为传感器列表区和监测数据曲线图区。可以通过勾选多个传感器将曲线图并排显示。

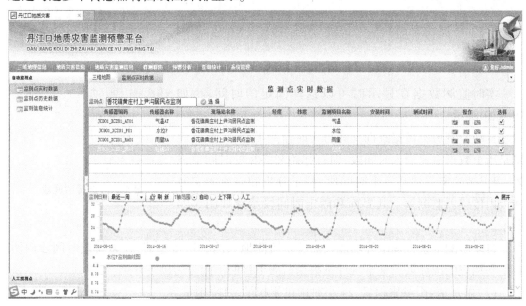

图 5-20 监测查询界面

选择监测地点对话框如图 5-21 所示。本项目总共 14 个监测点列表显示。同时提供了模糊查询功能对列表进行筛选定位。

监测地点下所有传感器列表列出所有监测仪器编号和仪器名称以及相关数据,提供了对该仪器进行三维场景的定位跳转功能、图片查看功能和预警信息查询功能(见图 5-22)。

	监测地点编码	监测地点名称
选择	JCD01	香花镇黄庄村上尹沟居民点监测
选择	JCD02	马蹬镇童湾村贾湾组居民点监测
选择	JCD03	大石桥乡郭家渠村曹家营居民点监测
选择	JCD04	仓房镇磊山村葛家庄居民点监测
选择	JCD05	仓房镇党子口村曹家沟居民点监测
选择	JCD06	仓房镇刘裴村黄楝树居民点监测
选择	JCD07	马蹬镇吴营村居民点监测
选择	JCD08	大石桥镇东岳庙村居民点监测
选择	JCD09	盛湾镇宋湾村金属厂居民点监测
选择	JCD10	香花镇土门村土门组居民点监测
选择	JCD11	滔河乡申明铺居民点监测

图 5-21　选择监测地点

图 5-22　监测仪器查询功能

实时监测数据在显示时可以选择固定的时间段,如图 5-23 所示。

自动监测历史数据查询功能与实时监测类似,主要的区别是历史数据需要输入时间段,即有起始和终止的时间值输入,可以精确定位到某一个时间段,便于分析和查看固定时间段内传感器监测值。其界面和固定时间段示意如图 5-24 所示。

图 5-23　选择时间段

自动监测信息查询统计功能按照特定监测地点的特定传感器,检索特定时间段内所有值和相应的统计量。基本统计量根据监测项目的不同分为以下几类:

(1)雨量值:雨量累积量、24 小时雨量累积量、月降雨量等。

(2)位移值:位移速度、位移加速度、位移 T_t 切线角等。

(3)温度:月均温度。

位移-时间曲线(S-t 曲线)的切线角常用来预报滑坡灾害,但是在实际运用过程中发现 S-t 曲线的纵横坐标量纲存在明显差异,需要对其进行量纲统一,T-t 曲线为改进切线角预警方法,它将纵横坐标量纲都转换为时间,最后的结果为角度,一般而言,大于 80°,滑坡即处于较危险的失稳状态。本系统通过对曲线进行连续的计算获取连续的 T_t 切线角变化曲线,以便于观察、分析,并辅助做出阈值的判断。图 5-25 显示为自动监测信息查询统计功能主界面。

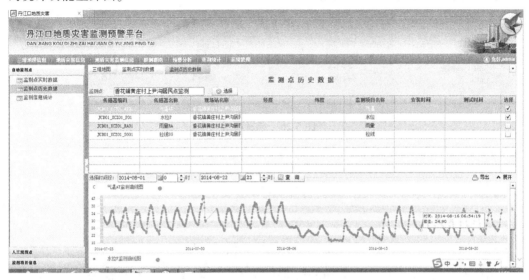

图 5-24 监测信息历史数据查询

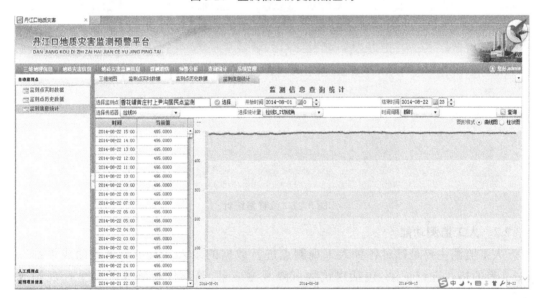

图 5-25 自动监测信息查询统计界面

自动监测信息查询统计功能在选定监测地点后,需要指定特定的传感器,如图 5-26 (b)所示,下拉列表列出该监测地点下所有传感器,这些传感器监测项目分为前述的三类,因此对应的统计量下拉列表也各不相同。图 5-26(d)显示为降雨量的统计量。传感器数据值根据需要可以进行适当的平均。本系统采用的方法是提供多种选择平均的方法。默认情况是根据实际的最高入库频率进行统计,但也提供了 2 小时、8 小时和 24 小时的间隔采样。

采用瞬时值,对某一位移传感器的位移量进行分析,分别采用位移速度、位移加速度和 T_t 切线角进行统计后,曲线的结果依顺序如图 5-27 所示。

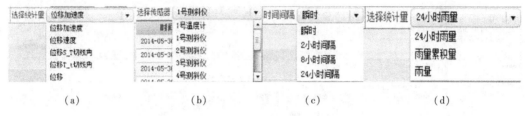

| (a) | (b) | (c) | (d) |

图 5-26　选择项目

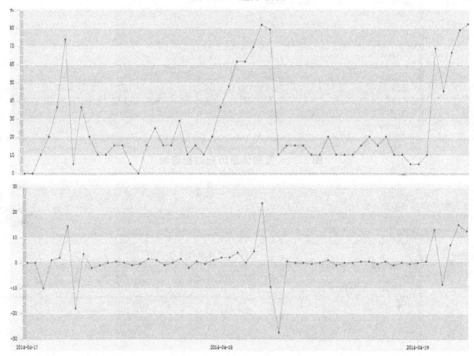

图 5-27　位移量统计

5.3.2.2　人工监测功能

人工监测主要是针对各种人工观测点进行数据的录入。人工观测点的成果都以 Excel 表的格式进行记录,包括建筑物沉降观测成果、测斜仪观测成果和坐标观测成果等。

系统提供了对观测数据的统计分析功能,以及各观测值的曲线绘制功能。

沉降观测功能界面分别提供了名称模糊查询和时间段查询功能。客户端可以上传本地的沉降观测表,系统自动转换入库,如图 5-28 所示。

对于输入的沉降观测表数据,通过点击修改,可以对沉降观测表的各项内容进行编辑,如图 5-29 所示。

图 5-28　人工监测数据导入

图 5-29　人工输入数据编辑界面

测斜仪观测成果表的录入界面和编辑界面如图 5-30 所示。其基本功能与沉降观测表类似,具备模糊查询、上传和编辑功能。

同样,坐标观测成果管理界面如图 5-31 所示。

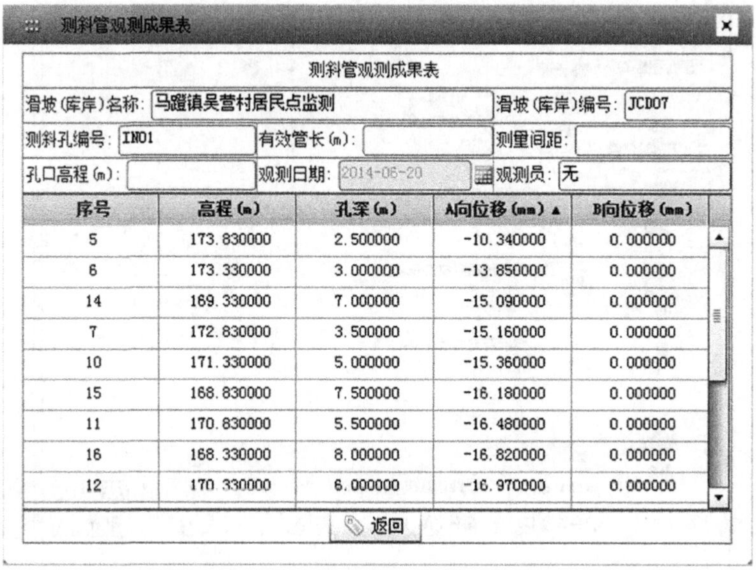
测斜管观测成果表

测斜管观测成果表

滑坡(库岸)名称: 马蹬镇吴营村居民点监测　滑坡(库岸)编号: JCD07

测斜孔编号: IN01　有效管长(m):　测量间距:

孔口高程(m):　观测日期: 2014-06-20　观测员: 无

序号	高程(m)	孔深(m)	A向位移(mm) ▲	B向位移(mm)
5	173.830000	2.500000	-10.340000	0.000000
6	173.330000	3.000000	-13.850000	0.000000
14	169.330000	7.000000	-15.090000	0.000000
7	172.830000	3.500000	-15.160000	0.000000
10	171.330000	5.000000	-15.360000	0.000000
15	168.830000	7.500000	-16.180000	0.000000
11	170.830000	5.500000	-16.480000	0.000000
16	168.330000	8.000000	-16.820000	0.000000
12	170.330000	6.000000	-16.970000	0.000000

返回

图 5-30　测斜仪观测成果表的录入界面

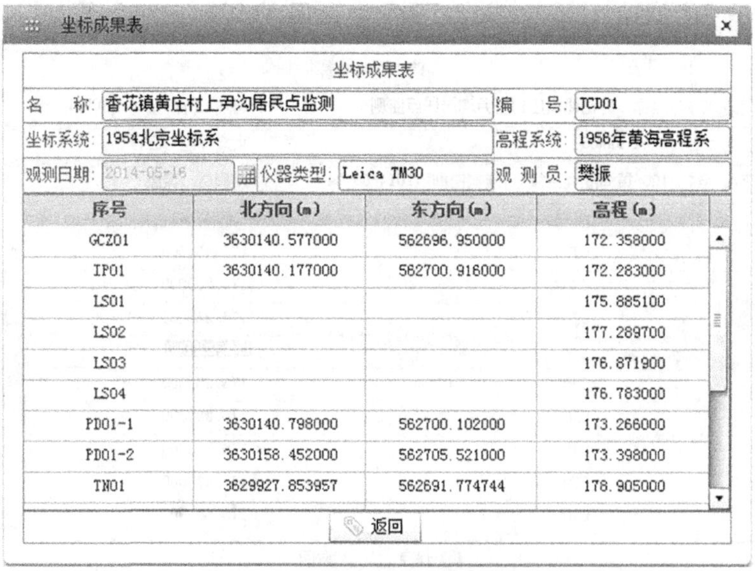
坐标成果表

坐标成果表

名　称: 香花镇黄庄村上尹沟居民点监测　编　号: JCD01

坐标系统: 1954北京坐标系　高程系统: 1956年黄海高程系

观测日期: 2014-05-16　仪器类型: Leica TM30　观 测 员: 樊振

序号	北方向(m)	东方向(m)	高程(m)
GCZ01	3630140.577000	562696.950000	172.358000
IP01	3630140.177000	562700.916000	172.283000
LS01			175.885100
LS02			177.289700
LS03			176.871900
LS04			176.783000
PD01-1	3630140.798000	562700.102000	173.266000
PD01-2	3630158.452000	562705.521000	173.398000
TN01	3629927.853957	562691.774744	178.905000

返回

图 5-31　坐标观测成果管理界面

5.4　群测群防子系统

地质灾害群测群防工作是地质灾害易发区内广大人民群众和地质灾害防治管理人员直接参与地质灾害点的监测和预防,及时捕捉地质灾害前兆、灾体变形、活动信息,迅速发现险情,及时预警自救,减少人员伤亡和经济损失的一种防灾减灾手段。群测群防的主要做法是,汛期前根据地质灾害隐患点的变形趋势,确定地质灾害监测点,落实监测点的防灾预案,发放防灾明白卡和避险明白卡。同时,县、乡、村层层签订地质灾害防治责任状,从县、乡政府的管理责任人一直落实到村(组)和具体监测责任人,从而形成了一级抓一级、层层抓落实的管理格局。通过这种责任制形式,明确了隐患点的具体责任人和监测人,保证各隐患点的变形特征能及时被捕捉,有效地指导了当地政府和受威胁群众防灾避灾工作。

5.4.1　总体概述

群测群防子系统主要针对各灾害点和监测点的信息进行记录,并制定出相应的应急避险措施。主要分为三个部分,分别是"两卡一表"、监测责任人管理和群防群测表管理。

"两卡一表"指的是地质灾害防灾工作明白卡(地灾防灾工作明白卡)、地质灾害防灾避险工作明白卡(地灾防灾避险工作明白卡)和地质灾害危险点防御预案表(地灾危险点防御预案表),主要作用是记录灾害点的基本情况,对灾害进行监测与预警,以及制定相应的避灾疏散措施。

监测责任人管理是对责任人相关信息进行管理。

群防群测表共有四张表,分别为地质灾害监测预警巡视检查表、监测点布置表、地质灾害监测预警监测表和实物指标调查表。主要作用是对灾害点的各个监测点数据的变化情况进行实时记录,掌握监测点的实时数据。

5.4.2　功能描述

5.4.2.1　"两卡一表"

"两卡一表"指的是地灾防灾工作明白卡、地灾防灾避险工作明白卡和地灾危险点防御预案表。

地灾危险点防御预案表记录的是灾害的基本情况(名称、位置、类型、规模等)、监测措施(治理措施、负责单位、责任人及方法等),以及疏散措施(疏散责任单位、责任人、疏散路线及救援措施等)。目的是建立灾害的应急预案。

地灾防灾工作明白卡记录的是灾害基本情况、监测预报(监测责任人、迹象、方法和本卡的发放和持有单位)、应急避险撤离(避灾地点、疏散路线、报警信号及相关责任人信息)。

地灾防灾避险工作明白卡记录的是家庭成员基本情况(户主的家庭情况)、灾害基本情况、监测与预警(监测人及预警发布责任人相关信息)、撤离与安置信息(撤离与安置相关责任人信息)。

1.地灾危险点防御预案表

地灾危险点防御预案表管理提供的整体功能和表格如图 5-32 所示。主要功能有灾害点的按条件查询、重置、添加灾害点信息,以及查询灾害点的详细信息、修改信息和删除信息等。

图 5-32　地灾危险点防御预案表管理界面

在灾害点名称条件框中输入查询条件,如"香花镇",点击"查询",即可在防御预案表中得到要查询的结果(这里的查询为"模糊查询")。重置用来重新显示所有的灾害点信息,同时"灾害点名称查询框"中清除查询条件。添加功能可以新增一条新的灾害点信息。点击"添加",弹出一张"主要地质灾害危险点防御预案表"(见图 5-33),此表需要输入三个方面的信息:灾害基本情况、监测措施和疏散措施。

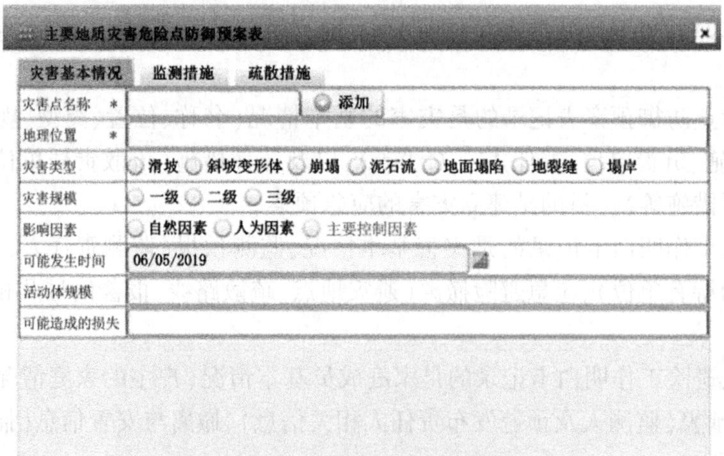

图 5-33　主要地质灾害危险点防御预案表

灾害基本情况中,需要输入的信息有灾害点名称、地理位置、灾害类型和灾害规模、影响因素等;监测措施中需要输入的信息有简易治理措施及落实情况、监测措施组织单位、责任人和监测方法等信息;疏散措施中需要记录的信息有疏散组织单位、疏散责任人、路线、抢险救援措施等。填完这三个方面的信息后,点击"保存",地质灾害危险点防御预案表中即可得到一条新的灾害点信息。

选择一条地灾危险点防御预案表记录,点击"详细",即可弹出此灾害点详细信息列表。和添加地灾危险点防御预案表记录一致,包括灾害基本情况、监测措施和疏散措施三方面的内容。此功能只能查看,不具备修改功能。

2.地灾防灾工作明白卡

与地灾危险点防御预案表类似,此模块提供的也主要是查询、重置、添加、详细、修改和删除的功能(见图 5-34)。

图 5-34　地灾防灾工作明白卡管理界面

新增一条新的地质灾害防灾信息。弹出一张空白的地质灾害防灾工作明白卡,此卡需要输入三个方面的信息:灾害基本情况、监测预报和应急避险撤离。灾害基本情况中,需要输入的信息有灾害点名称、灾害位置、灾害类型、灾害规模和诱发因素等。监测预报中,需要填写的内容有监测负责人及联系方式、监测的手段方法及判断迹象和依据,以及相关负责人等一系列信息。应急避险撤离中需要填写的是避灾地点、疏散路线以及相关负责人及联系方式等一系列的内容(见图 5-35)。

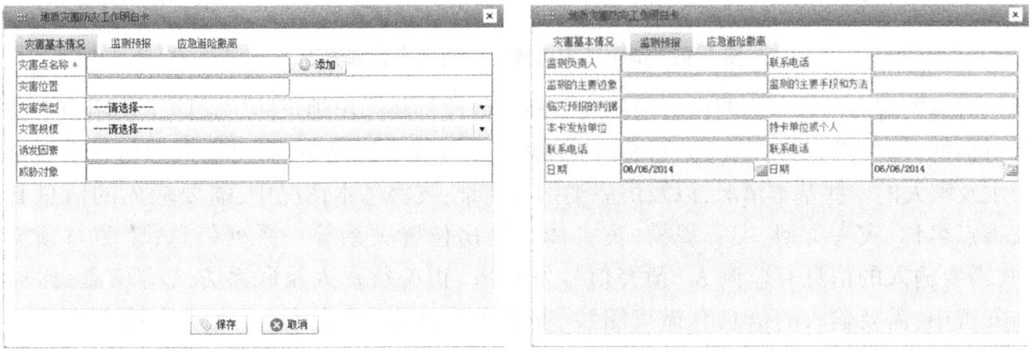

图 5-35　地灾防灾明白卡输入界面

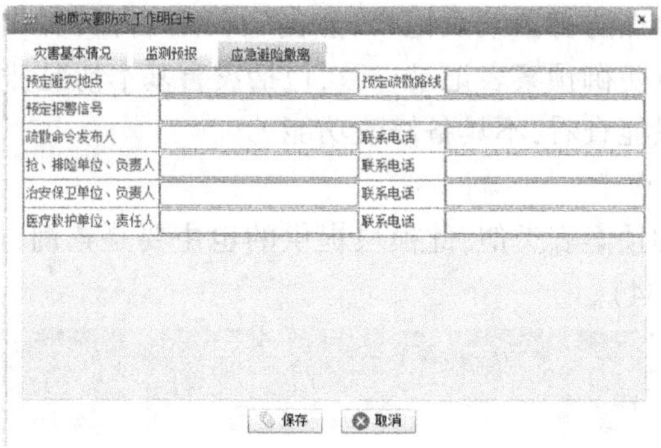

续图 5-35

3.地灾防灾避险工作明白卡

地灾防灾避险工作明白卡提供的功能和表格如图 5-36 所示。主要功能有灾害点的按条件查询、重置、添加灾害点信息,以及查询灾害点的详细信息、修改信息和删除信息等。

图 5-36　地灾防灾避险工作明白卡管理界面

对地灾防灾避险工作明白卡的添加、查看、修改都将弹出地灾防灾避险工作明白卡编辑对话框,包含四个 TAB 页(见图 5-37)。家庭成员基本情况中,需要输入的信息主要是户主及家人的一些基本情况,以及房屋类别与住址;灾害基本情况中,需要输入的信息有灾害点名称、灾害类型、灾害规模、灾害体与住房位置关系等一系列信息;监测与预警中,需要输入的信息有监测人、预警信号发布人、相关负责人及联系方式等信息;撤离与安置中,需要输入的信息有撤离路线、安置单位地点、负责人、户主及联系方式等相关信息。

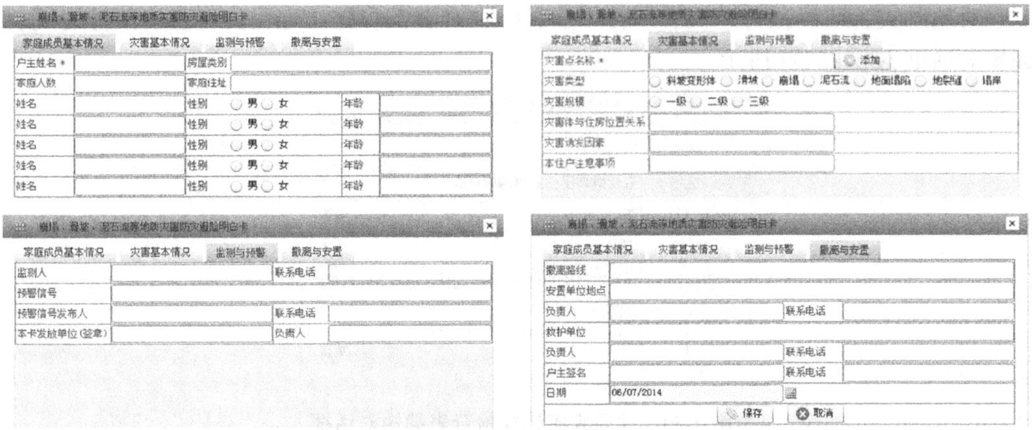

图 5-37　地灾防灾避险工作明白卡输入界面

5.4.2.2　群测群防表管理

群测群防表指的是地质灾害监测预警巡视检查表、监测点布置表、地质灾害监测预警监测表和实物指标调查表。地灾监测预警巡视检查表主要是记录对各个灾害点进行实时监测的情况,包括日期、监测员、监测内容。

监测点布置表主要是记录各个监测点的类型、位置、布置时间及人员等信息,用于在地图上进行定位及相关信息的显示。

地质灾害监测预警监测表记录的是各监测点记录的监测数据变化情况,用于对灾害点的情况进行实时的监控。

实物指标调查表主要是记录各灾害点的实物指数,如房屋面积、数量、人口等信息。当在地图上进行定位时,可以实时显示相关的基本信息。

1.地质灾害监测预警巡视检查表

地质灾害监测预警巡视检查表提供的整体功能和表格如图 5-38 所示,有灾害点的按条件查询功能,重置、添加灾害点信息,以及灾害点信息的详细、修改和删除功能。

图 5-38　巡视检查表管理

对地质灾害监测预警巡视表进行添加、修改、查看都将弹出地质灾害监测预警巡视表编辑对话框,如图5-39所示。

图5-39　地质灾害巡视检查表编辑对话框

2.监测点布置表

监测点布置表提供了按灾害点名称进行查询,监测点布置信息的添加,以及详细、修改和删除功能(见图5-40)。

图5-40　监测点布置表管理

添加、详细、修改都将打开类似如图5-41所示的监测点布置表编辑对话框。

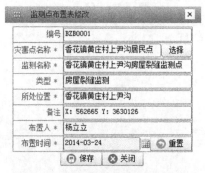

图5-41　监测点布置表编辑对话框

3.地质灾害监测预警监测表

此功能是对地质灾害进行监测和预警,主要的操作功能和表格形式如图 5-42 所示。有灾害点的按条件(灾害点名称或者测点编号的组合查询)查询功能,重置、添加灾害点信息,以及灾害点信息的详细、修改和删除功能。

图 5-42　预警监测表管理

添加地质灾害监测预警检测表可记录监测数据的变化情况,包括数值变化、单位、监测人等信息。每多一次监测数据的变化记录,监测列表中就会多一条监测信息,如图 5-43 所示。编辑、详细功能弹出类似对话框。点击"删除"可以删除当前记录。

图 5-43　预警检测表编辑对话框

4. 实物指标调查表

实物指标调查表提供了按灾害点名称进行查询,实物指标调查表的添加,以及信息的查询、修改和删除功能(见图 5-44)。

图 5-44　实物指标调查表管理

对实物指标调查表进行修改、添加、查看,都将弹出类似如图 5-45 所示对话框,对实物指标调查表内容进行详细的显示和修改。

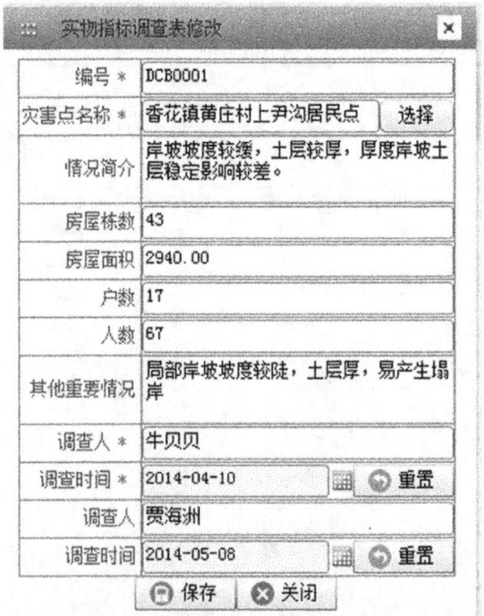

图 5-45　实物指标调查表编辑对话框

5.5　预警分析子系统

5.5.1　总体概述

随着地质灾害监测技术的飞速发展,自动化、智能化的监测设备被广泛应用于地质灾害监测预警研究中。但是当面对如此烦冗复杂的监测信息时,如何对其实现有效的分析,并及时给出合理的评价结果,是地质灾害预警分析子系统的重要目的。

5.5.2　监测预警流程

根据滑坡实时跟踪监测预警具体要求,滑坡综合监测自动预警主要分成四个工作阶段,分别为监测数据监控、监测数据预处理、监测预警综合分析以及预警信息发布阶段。

(1)监测数据监控阶段。

监测数据接收端从仪器部署好后便一直处于工作状态,但是此时滑坡并不一定处于加速变形阶段,即不需要立即启动预警程序,当其变形超过了设定的阈值时,再自动启动以增强系统运行效率。因此,监测数据监控阶段主要是观察滑坡各个监测点的数据变化情况,及时发现存在的数据异常信息,以便快速对现场监测设备进行检查。

(2)监测数据预处理阶段。

启动监测预警程序后,为了判定滑坡当前变形阶段,实现自动监测预警模型与方法的计算分析,首先需要对所获取的监测数据进行常规的预处理。本系统设计了相对稳健的采样方式。

(3)监测预警综合分析阶段。

在监测数据预处理的基础上,根据该滑坡实际所布设的监测类型自动匹配对应的预警方法,主要包括基于变形预警判据条件(改进切线角方法、临界累积位移、临界速率以及累积加速度),辅助判据条件(雨量、地下水位),在此基础上再进行综合计算分析得到滑坡当前实时状态的预警结果。

(4)预警信息发布阶段。

得到滑坡实时预警结果后,系统会自动通过短信方式发送,接收方主要包括两类。第一类是专家用户,通过再次的监测信息确认、会商讨论后,给出是否发布地质灾害警报信息的最终决定。如果专家判定不需要发布,则可以将滑坡预警等级信息重新设置;如果最终决定发布预警,则应将事先做好的应急方案或行动建议发送至相应的接收人。这里专家系统的作用主要是为了避免系统自动发布错误的警报信息,造成社会恐慌等不良影响。第二类主要是系统管理人员、一般用户即监测责任人以及威胁对象等相关用户,预警系统可以根据预先设定的不同预警级别所对应的指定接收人,以通知的方式传达预警信息,一般用户不能对系统设定的阈值等参数进行编辑操作,但可以查看。

预警综合分析与发布流程如图 5-46 所示。流程旁列出了相应的数据库表。系统以后台方式运行。采用 C#.net 开发,服务器端后台运行,如图 5-47 所示。综合预警发布的各项参数设置仍旧在客户端进行设置。预警发布结果、短信发布结果等查询也是通过客户端浏览器查看。

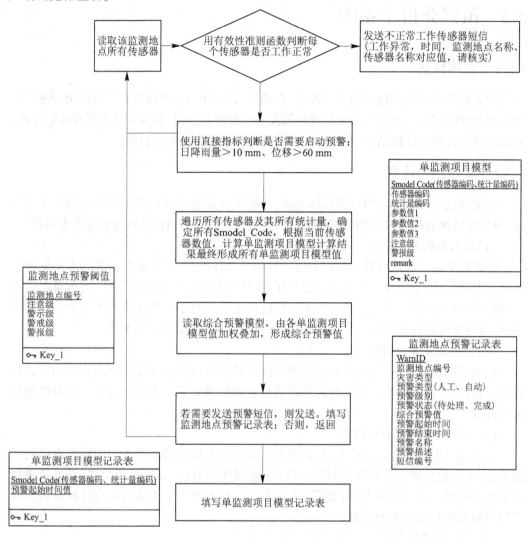

图 5-46　预警综合分析与发布流程

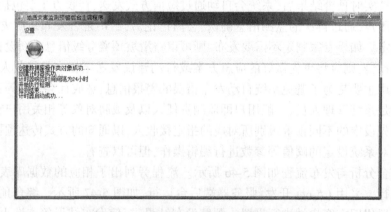

图 5-47　预警综合分析后台主调程序界面

5.5.3　滑坡变形预测模型的建模与求解

滑坡是一个复杂的开放系统,影响滑坡稳定性的内外各种作用因素多种多样,如滑坡几何形态、介质力学性能、结构面状况、地下水、气候变化、人类工程活动等,各因素对滑坡的作用强弱不一,影响程度各异;并且在滑坡演化过程中,这些因素又是动态变化的,决定滑坡稳定性及变形特点的因素十分复杂。如暴雨引起地下水位上升改变了滑坡的力学平衡条件、弱化了岩土体的力学性能,从而使得滑坡的稳定状况恶化;周期性的天气变化可以引起滑坡变形发生复杂的变化。

内外影响因素的复杂性,决定了滑坡变形机制的复杂性,如:沿不同滑面的滑移型滑坡、岩体开裂—崩塌型滑坡,以及滑移和开裂共同存在的形式,或者还有其他的变形机制。相应地,滑坡的变形表现形式也很不一样,不同滑坡的变形有可能存在很大的差异:空间上,有长滑(失稳前滑移距离很长)、短滑;时间上,有剧变(失稳前的变形时间较短)、渐变。同一滑坡不同测点的变形方向及变形量也存在很大的差异,存在难以解释的"不协调"现象。

滑坡变形机制及变形表现特点的复杂性,决定了滑坡变形预测及失稳预报问题十分复杂,是工程地质及相关学科研究中的一个世界性难题,目前尚未很好解决,根据滑坡所处的地理位置及对人们生活的影响程度,不同的滑坡可能采取不同的监测手段或治理措施。

从耗散理论、非线性动力学及灾变理论等观点分析,处于变形的滑坡,是一个复杂的耗散结构系统,内外影响因素的细微变化,可导致系统发生分岔,产生截然不同的变形发展方向及结果,引起滑坡发生失稳或静止。与滑坡治理及滑坡设计问题(力学上可以进行满足设计要求的安全性计算分析)不同,对于该类"细微变化"的问题,基于确定性方法、理想简化基础上的力学分析方法是难以精确把握的。如图 5-48 所示,变形中的滑坡(此时可以认为安全系数为 1)在暴雨作用下,导致滑坡的滑带参数弱化、地下水位上升、朝坡外的渗透作用增加、滑坡后缘张裂隙充水劈裂作用等,引起滑坡的稳定状况恶化,滑坡变形加快(此时的安全系数通常仍接近于 1)。由于参数弱化程度难以精确给定,非均质渗流场、滑坡力学模型等难以准确建立,使得力学计算难以给出有无暴雨对滑坡稳定的细微差异,且监测也无法精确捕捉到随时间变化的力学参数、渗流场等变化,难以在监测过程中进行力学分析。目前有的学者采用可靠度分析方法进行研究,但仍有余参数弱化等概率分布难以准确确定,使得在工程应用上难以发挥其作用;通过力学关系推导得出的非线性动力学方程、灾变方程用作滑坡失稳判据时,由于力学参量难以或无法计算,致使这类判据在目前并无多少工程意义。因此,通过力学关系研究该类问题的思路在目前遇到实质性及工程应用上的困难。

滑坡安全监测一般包括各种变形监测,如裂缝监测,地表水平、沉降监测,钻孔倾斜仪监测,多点位移计监测等,以及压力(应力)监测,地下水位、渗流场监测等,其中变形监测是最直观、最有效的监测手段。并且变形监测信息中包含了各种影响痕迹,是各种因素对滑坡作用的总的宏观外在表现,对其进行深入研究,有望揭示隐藏在变形表象之内的复杂的内在信息。因此,通常滑坡预测以变形监测资料为基础,建立各种预测模型。

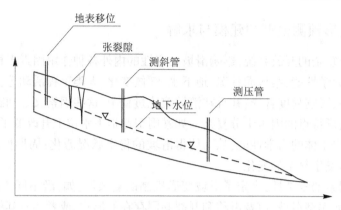

图 5-48　暴雨作用下滑坡变形及力学模式

5.5.3.1　滑坡变形预测存在的主要问题

根据变形预测与失稳预报的工程应用需要,变形突变点(拐点)预测、失稳时间预报、失稳判据是研究的关键和重点。

从变形时间关系曲线中可以看出,滑坡在匀速变形发展到一定的程度后,可能进入加速变形—失稳阶段,而何时进入加速变形—失稳阶段即变形突变点(拐点)何时出现,是变形预测和失稳预报的关键问题与核心内容。因为变形突变点的出现,预示着滑坡的稳定性将发生实质性的变化,能否捕捉到这种变化,是预测工作是否成功的关键,具有现实的工程意义。

基于对过去变形时间曲线基础上的变形预测模型,在识别变形突变点到来时,遇到很大的困难。原因是,目前的预测模型,假设滑坡的变形时间关系符合某种数学关系(确定的或非确定的、显式的或隐式的),利用过去的变形时间数据拟合出模型的参数,再以此模型及参数为基础,外推(预测)变形的发展,因此预测结果取决于模型的数学关系,以及由过去的变形数据计算而得出的模型参数。当滑坡变形处于匀速变形阶段时,一般的模型只会预测出未来变形仍基本上为匀速变形,难以识别出变形将出现突变而进入加速变形阶段的时间。出现这个问题的根本原因是,模型尚未对变形时间关系曲线内部的复杂信息更好地识别,或者是未能将诱发变形发生突变的其他因素如暴雨、地下水位等考虑在内;另一方面原因是,由于滑坡系统的复杂性,突变点的到来具有一定的偶然性,若为此,则是预测研究中无法解决的,也是预测结果与现实情况之间永远存在误差的原因。

滑坡失稳判据的研究,是另外一个关键问题,由于不同滑坡的内外因素,影响条件各不相同,加之滑坡变形演化具有很大的不确定性、复杂性等特点,致使失稳判据的研究十分困难,目前主要依赖于专家的经验分析和宏观变形破坏迹象定性分析,尚难以上升到理论分析的阶段。有关的失稳判据有变形速率判据、变形监测曲线切线角和矢量角判据、宏观变形迹象定性判据等。由于单一的判据带有很大的经验成分,难以保证准确性,目前常采用包括变形的定量判据和宏观变形破坏迹象调查的定性判据相结合的综合预测判据。

目前,滑坡失稳时间预测主要依赖于某些确定性的预测模型,如斋藤模型、蠕变样条联合模型、Verhulst 模型、灰色 GM(1,1)模型等,这些模型表达式描述了失稳时间与变形量、变形速率等之间的关系,通过检测的变形情况推算滑坡失稳时间。当变形进入加速变形—失稳阶段,即出现明显加速变形时,这些模型可以对失稳时间进行较为可靠的预报。但由于该类模型假定了变形与时间之间满足某种特定的关系,难以表述实际滑坡演化中存在的随机性、不确定性、突变性等特点,因此预测精度有限,难以满足工程需要。另外,当滑坡处于匀速变形阶段时,由于预测时间尺度的限制,作中长期预报的预报精度是难以保证的。

因此,本项目在大量前人研究的基础上,结合工程实践经验,针对不同类型的滑坡,提出了三种滑坡变形预测模型,即非线性动力学模型、匀速加速变化型灰色模型、多因素灰色预测模型。通过选取恰当的预测模型,结合丰富的现场监测数据,有望对本项目所监测的滑坡变形做出较为准确的预测。

5.5.3.2 　非线性动力学模型

滑坡的变形是由内部因素(如岩土体的物理力学特性)及外部因素(如气象条件和人类工程活动)的影响综合控制的。在各种内部及外部的影响因素中,变形与时间之间的变化关系是最为直接且有价值的信息,所以通过滑坡变形数据和观测时间来建立合理的模型。

非线性动力学模型、灾变理论模型等认为系统具有不确定性、偶然性、小扰动可导致系统稳变形发生质的变化等非线性特点,试图揭示滑坡系统变性的复杂特征,通过构造符合滑坡非线性动力学行为的模型方程,刻画滑坡的变形与时间之间的关系。

在考虑阻尼情况下,滑坡系统的动力学模型可以表示为:

$$F(X,t) = m\ddot{X} + \mu\dot{X} \tag{5-1}$$

式中:X 为滑坡位移值;t 为监测时间;m、μ 为参数。

通过研究滑坡系统的复杂的内外因素作用特征,将内外作用因力 $F(X,t)$ 分解为:

$$F(X,t) = F_I + F_D \tag{5-2}$$

式中:F_I 为控制滑坡系统平衡的各种因力的合力;F_D 为内外因力的动态变化作用力,可分别表示为:

$$F_I = pX^3 + qX + r \tag{5-3}$$

$$F_D = a + bt + ct^2 + d\ln t \tag{5-4}$$

将式(5-2)~式(5-4)代入式(5-1)得到非线性动力学模型为:

$$\ddot{X} + \eta\dot{X} + pX^3 + qX = a + bt + ct^2 + d\ln t \tag{5-5}$$

运用有限差分法,取 $\dot{X} = [X(i+1) - X(i-1)]/2$,$\ddot{X} = X(i+1) + X(i-1) - 2X(i)$,则式(5-5)所对应的离散模型可写为矩阵式:

$$\overrightarrow{Y} = B\overrightarrow{A} \tag{5-6}$$

其中:

$$\overrightarrow{Y} = \begin{bmatrix} X(2) + X(0) - 2X(1) \\ X(3) + X(1) - 2X(2) \\ \vdots \\ X(n+1) + X(n-1) - 2X(n) \end{bmatrix}$$

$$\overrightarrow{A} = \{-\eta, -p, -q, a, b, c, d\}^{\mathrm{T}}$$

$$B = \begin{bmatrix} (X(2) - X(0))/2, & X^3(1), X(1), 1, 1, 1^2, \ln 2 \\ (X(3) - X(1))/2, & X^3(2), X(2), 1, 2, 2^2, \ln 3 \\ & \vdots \\ (X(n+1) - X(n-1))/2, X^3(n), X(n), 1, n, n^2, \ln(n+1) \end{bmatrix}$$

利用最小二乘法求解参数模型后代入式(5-5)可得计算模型为:

$$X(i+1) = \{[\eta/2 - 1]X(i-1) + [2-q]X(i) - pX^3(i) + a + bi + ci^2 + d\ln(i+1)\}/[1 + \eta/2] \tag{5-7}$$

5.5.3.3　匀速加速变化型灰色模型

滑坡的发展规律一般可以分为 3 个阶段:孕育阶段、匀速变化阶段、加速变化阶段。其发展过程如图 5-49 所示。

此类滑坡的发展规律可以用下式描述:

$$X^{(0)}(t+1) = v + bt + ce^{dt} \tag{5-8}$$

式中: $X^{(0)}(t+1)$ 为原始数据; v, b, c, d 为曲线常数。

根据式(5-8)中参数 v, b, c, d 的不同大小、不同正负取值,可以构成图 5-50 中的各种曲线

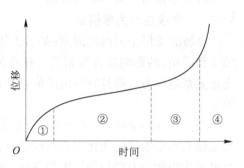

图 5-49　滑坡发展规律曲线

类型。因此,对原始数列 $X^{(0)}$ 近似呈图 5-50 中各种曲线形式变化的发展过程均可用式(5-8)进行拟合。对滑坡的发展过程的拟合预测效果,取决于选用的模型能否很好地描述。式(5-8)恰能满意地描述图 5-50 中的各种发展过程,因此凡是其变形规律符合图 5-50 中所示的规律,均可用式(5-8)进行拟合。

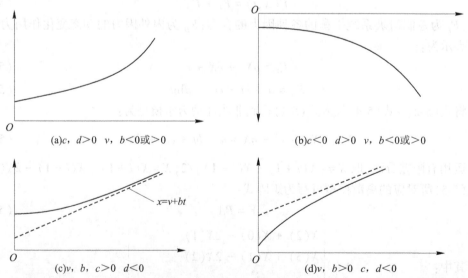

(a)$c, d > 0$　$v, b < 0$或> 0

(b)$c < 0$　$d > 0$　$v, b < 0$或> 0

(c)$v, b, c > 0$　$d < 0$　　　$x = v + bt$

(d)$v, b > 0$　$c, d < 0$

图 5-50　式(5-8)能描述的各种曲线类型

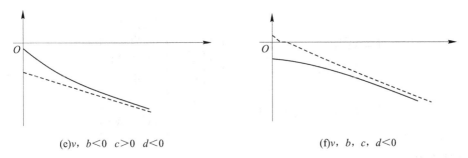

(e)v, $b<0$　$c>0$　$d<0$　　　　　　　　　　(f)v, b, c, $d<0$

续图 5-50

构造微分方程：

$$\frac{\mathrm{d}X^{(1)}(t+1)}{\mathrm{d}t} + aX^{(1)}(t+1) = pt^2 + u \tag{5-9}$$

满足 $t=0, X^{(1)}(1) = X^{(0)}(1)$

式中：$X^{(1)}(t) = \sum_{i=1}^{t} X^{(0)}(i)$，称为一次累加生成数；$a, p, u$ 为系数。

该方程的特解为：

$$X^{(1)}(t+1) = \left[X^{(0)}(1) - \frac{2p + ua^2}{a^3} \right] e^{-at} + \frac{p}{a}t^2 - \frac{2p}{a^2}t + \frac{2p + ua^2}{a^3} \tag{5-10}$$

其还原函数为：

$$X^{(0)}(t+1) = X^{(1)}(t+1) - X^{(1)}(t)$$

$$= (1 - e^a)\left[X^{(0)}(1) - \frac{2p + ua^2}{a^3} \right] e^{-at} + \frac{2p}{a}t - \frac{(a+2)p}{a^2} \tag{5-11}$$

对比式(5-11)与式(5-8)具有完全的相似性，因此有：

$$\begin{cases} c = \left[X^{(0)}(1) - \dfrac{2p + ua^2}{a^3} \right](1 - e^a) \\[2mm] d = -a \\[2mm] b = \dfrac{2p}{a} \\[2mm] v = -\dfrac{(a+2)p}{a^2} \end{cases} \tag{5-12}$$

下面的任务是如何确定微分方程(5-9)中的系数 a, p, u。由式(5-9)得：

$$\left[-X^{(1)}(t+1), t^2, 1 \right] \begin{bmatrix} a \\ p \\ u \end{bmatrix} = \frac{\mathrm{d}X^{(1)}(t+1)}{\mathrm{d}t} \tag{5-13}$$

用 1 列 N 维数列参与计算(选取维数 N 不同，就有不同的拟合效果)则有：

$$\begin{bmatrix} -X^{(1)}(2) & 1 & 1 \\ -X^{(1)}(3) & 2^2 & 1 \\ \vdots & \vdots & \vdots \\ -X^{(1)}(N) & (N-1)^2 & 1 \end{bmatrix} \begin{bmatrix} a \\ p \\ u \end{bmatrix} = \begin{bmatrix} \dfrac{\mathrm{d}X^{(1)}(2)}{\mathrm{d}t} \\ \dfrac{\mathrm{d}X^{(1)}(3)}{\mathrm{d}t} \\ \vdots \\ \dfrac{\mathrm{d}X^{(1)}(N)}{\mathrm{d}t} \end{bmatrix} \tag{5-14}$$

在计算中取:

$$\frac{\mathrm{d}X^{(1)}(t)}{\mathrm{d}t} = \frac{1}{2}\{[X^{(1)}(i+1) - X^{(1)}(i)] + [X^{(1)}(i) - X^{(1)}(i-1)]\}$$

$$= \frac{1}{2}[X^{(0)}(t+1) + X^{(0)}(t)]$$

以 2 点滑动平均代替 $X^{(1)}(t)$,有:

$$X^{(1)}(t) = \frac{1}{2}[X^{(1)}(t) + X^{(1)}(t-1)]$$

设:

$$B = \begin{bmatrix} -\dfrac{1}{2}[X^{(1)}(2) + X^{(1)}(1)] & 1 & 1 \\ -\dfrac{1}{2}[X^{(1)}(3) + X^{(1)}(2)] & 2^2 & 1 \\ \vdots & \vdots & \vdots \\ -\dfrac{1}{2}[X^{(1)}(N) + X^{(1)}(N-1)] & (N-1)^2 & 1 \end{bmatrix}$$

$$Y = \begin{bmatrix} \dfrac{1}{2}[X^{(0)}(3) + X^{(0)}(2)] \\ \dfrac{1}{2}[X^{(0)}(4) + X^{(0)}(3)] \\ \vdots \\ \dfrac{1}{2}[X^{(0)}(N) + X^{(0)}(N-1)] \\ X^{(0)}(N) \end{bmatrix}$$

$$\hat{\alpha} = (a, p, u)^{\mathrm{T}}$$

则式(5-14)可以表示为

$$B\hat{\alpha} = Y \tag{5-15}$$

由最小二乘法可得:

$$\hat{\alpha} = (B^{\mathrm{T}}B)^{-1}B^{\mathrm{T}}Y \tag{5-16}$$

已完成的模型计算程序,可以确定 $\hat{\alpha}$,将其代入式(5-11)可得到一步预测模型:

$$X^{(0)}(N+1) = (1 - \mathrm{e}^a)[X^{(0)}(1) - \frac{2p + ua^2}{a^3}]\mathrm{e}^{-aN} + \frac{2p}{a}t - \frac{(a+2)p}{a^2} \tag{5-17}$$

通过最小二乘法求得模型参数 $\hat{\alpha}$ 之后,通过式(5-17)可得拟合数列 $\hat{X}^{(0)}$,与原始数列 $X^{(0)}$ 之间的残差序列为:

$$E = \left[E(1), E(2), \cdots, E(N) \right] \tag{5-18}$$

式中: $E(i) = X^{(0)}(i) - \hat{X}^{(0)}(i)$,本书中取 $\hat{X}^{(0)}(1) = X^{(0)}(1)$,因此有 $E(1) = 0$。

残差序列 E 是系统呈式(5-8)的趋势发展过程中,所存在的震荡性变化。这种震荡性变化包括系统随环境随机变化而发生的随机变化、原始数据采集过程中的部分系统误差、随机误差等。

例如,滑坡变形监测数据中,气温、降雨、地应力等周期性随机变化因素,造成位移–时间曲线的震荡。

因模型式(5-11)中已提取了原始数列的趋势性变化,因此残差序列 E 应该是平稳的序列。由模型式(5-11)中包含常数项可知,残差序列的均质也应该是近似为零。

但残差序列是否包含确定的周期性变化,应予以考虑。先对残差序列提取确定性周期项,之后的序列应该完全是一个随机序列,且是均质为零的、平稳的。因此,可以借助时间序列分析方法中的 $AR(n)$ 模型,从统计学角度来揭示数据之间的关系。当用于预测时,直接用 $AR(n)$ 模型建模是合适的,而无须进行 $AR(n)$ 模型建模之间的正态性检验。

综上所述,残差序列可以表示为

$$E(t) = p(t) + q(t) \tag{5-19}$$

而原始数列较完整地表示为

$$X^{(0)}(t+1) = D(t+1) + E(t+1) = D(t+1) + p(t+1) + q(t) \tag{5-20}$$

式中: $D(t+1) = v + bt + cq^{dt}$ 为匀速加速变化型灰色模型表述的原始数列的趋势性变化部分; $p(t+1) = \sum\limits_{i=1}^{q} \left[\alpha_i \cos\dfrac{2\pi}{T_i}(t+1) + \beta_i \sin\dfrac{2\pi}{T_i}(t+1) \right]$ 是从残差序列 E 中提取出的周期性确定项; T_i 为隐含的周期; q 为周期项数; α_i, β_i 为周期项系数; $q(t+1) = \sum\limits_{i=1}^{n} \varphi_{ni} q(t+1-i) + \varepsilon_{t+1}$ 为残差序列提取周期项之后的随机序列,用 $AR(n)$ 模型描述; n 为 $AR(n)$ 模型的阶数; φ_{ni} 为模型的参数, ε_{i+1} 是白噪音序列。

从时序分析角度,式(5-20)可理解为:原始数列 $X(0)$ 为非平稳序列,由确定性部分 $(D+p)$ 和平稳随机序列 q 构成。提取确定性部分之后,非平稳序列变成平稳序列,可以用 $AR(n)$ 模型建模,用于预测。

式(5-20)写为具体的形式,即为修正后的一步预测模型:

$$X^{(0)}(t+1) = (v + bt + cq^{dt}) + \sum_{i=1}^{q} \left[\alpha_i \cos\frac{2\pi}{T_i}(t+1) + \beta_i \sin\frac{2\pi}{T_i}(t+1) \right] +$$

$$\sum_{i=1}^{n} \varphi_{ni} q(t+1-i) + \varepsilon_{t+1} \tag{5-21}$$

5.5.3.4　多因素灰色预测模型

目前,大多数预测模型只是建立变形与时间的关系,属单因素模型,或称一元模型。模型的预测能力主要受模型的数学性质及过去的变形特点控制,在对隐藏在变形信息中的内外因素影响的发掘、识别能力有限的情况下,预测模型的预测精度有限,尤其在变形突变识别上存在困难。滑坡的变形特征往往是由内因和外因的共同作用而形成的,各种内外因素的变化均会在滑坡变形监测信息中留下痕迹,通过分析各种外因对滑坡变形的影响,建立多因素关联预测模型,能提高模型的预测能力。

实际监测中获取的滑坡位移信息即滑坡的总体位移一般可分解为固有因子、外在影响因子和随机因子,固有因子通常在较长的时间尺度内变化较为稳定,多为时间因子的单调平滑增长序列,可采用位移数据–时间因子的单变量映射关系来进行预测。外在影响因子则是包含了外在因素影响的复杂非线性序列,应在选择合适影响因子的基础上,建立多变量的关联性预测模型。而随机因子则是表现为无确定规律的波动数据,通常不可预测,但通过对滑坡位移数据的分析,在统计上其应符合正态分布。

通过对监测位移量的分解,既考虑了滑坡内在的变形趋势,又考虑了外在因子的响应关系,可以较好地体现出滑坡的总体位移量中不同因子的影响特点,从而实现对滑坡变形的多因素综合预测。

滑坡累计位移监测数据可写为:

$$s(t,x_1,x_2,\cdots,x_n) = P(t) + Q(x_1,x_2,\cdots,x_n) + R \tag{5-22}$$

式中:$s(t,x_1,x_2,\cdots,x_n)$为滑坡位移监测数据;$P(t)$为位移内在影响因子;$Q(x_1,x_2,\cdots,x_n)$为位移外在影响因子;R为位移随机因子。

式(5-22)中外在因素影响累计位移可认为是各个单独外在影响因素的线性组合,可表示为:

$$Q(x_1,x_2,\cdots,x_n) = \alpha_0 + \alpha_1 x_1 + \alpha_2 x_2 + \cdots + \alpha_n x_n \tag{5-23}$$

内在因素影响位移 $P(t)$ 遵循一般的滑坡发展规律,可分为 3 个阶段:孕育阶段、匀速变化阶段、加速变化阶段。内在因素影响位移 $P(t)$ 随时间 t 的发展规律可用下式进行表达:

$$P(t) = v + bt + ce^t \tag{5-24}$$

式中:v,b,c 为曲线参数。

位移随机因子 R 是随机产生的位移量值,因此在统计学上 R 应服从正态分布$N(\mu, \sigma^2)$。

因此,滑坡累计位移监测数据可写为:

$$s(t,x_1,x_2,\cdots,x_n) = (v + bt + ce^t) + (\alpha_0 + \alpha_1 x_1 + \alpha_2 x_2 + \cdots + \alpha_n x_n) + R \tag{5-25}$$

令 $v + \alpha_0 = \beta_0$;$b = \beta_1$;$c = \beta_2$;$\alpha_i = \beta_{i+2}(i = 1,2,\cdots,n)$,令 $t = y_1$;$e^t = y_2$;$x_i = y_{i+2}(t = 1,2,\cdots,n)$;$m = n + 2$,则式(5-25)可转化为多元线性回归方程:

$$s = \beta_0 + \beta_1 y_1 + \beta_2 y_2 + \beta_3 y_3 + \beta_4 y_4 + \cdots + \beta_m y_m + R \tag{5-26}$$

对式(5-26)进行求解,设样本数为 p 的样本空间为:$(y_{11},y_{12},\cdots,y_{1m},s_1),\cdots,(y_{p1},y_{p2},\cdots,y_{pm},s_p)$,用最大似然估计法估计参数:

取 $\hat{\beta}_0,\hat{\beta}_1,\cdots,\hat{\beta}_m$,当 $\beta_0 = \hat{\beta}_0,\beta_1 = \hat{\beta}_1,\cdots,\beta_m = \hat{\beta}_m$ 时,$D = \sum\limits_{i=1}^{p}(s_i - \beta_0 - \beta_1 y_{i1} - \cdots - \beta_m y_{im})^2$ 取最小值,即令:

$$\begin{cases} \dfrac{\partial D}{\partial \beta_0} = 0 \\[2mm] \dfrac{\partial D}{\partial \beta_1} = 0 \\[2mm] \vdots \\[2mm] \dfrac{\partial D}{\partial \beta_m} = 0 \end{cases} \tag{5-27}$$

式(5-27)可简化为:

$$\begin{cases} \beta_0 p + \beta_1 \displaystyle\sum_{i=1}^{p} y_{i1} + \beta_2 \sum_{i=1}^{p} y_{i2} + \cdots + \beta_m \sum_{i=1}^{p} y_{im} = \sum_{i=1}^{p} s_i \\[3mm] \beta_0 \displaystyle\sum_{i=1}^{p} y_{i1} + \beta_1 \sum_{i=1}^{p} y_{i1}^2 + \beta_2 \sum_{i=1}^{p} y_{i1} y_{i2} + \cdots + \beta_m \sum_{i=1}^{p} y_{i1} y_{im} = \sum_{i=1}^{p} y_i s_i \\[3mm] \vdots \\[3mm] \beta_0 \displaystyle\sum_{i=1}^{p} y_{im} + \beta_1 \sum_{i=1}^{p} y_{im} y_{i1} + \beta_2 \sum_{i=1}^{p} y_{im} y_{i2} + \cdots + \beta_m \sum_{i=1}^{p} y_{im}^2 = \sum_{i=1}^{p} y_{im} s_i \end{cases} \tag{5-28}$$

引入矩阵:

$$Y = \begin{pmatrix} 1 & y_{11} & y_{12} & \cdots & y_{1m} \\ 1 & y_{21} & y_{22} & \cdots & y_{2m} \\ \vdots & \vdots & \vdots & & \vdots \\ 1 & y_{p1} & y_{p2} & \cdots & y_{pm} \end{pmatrix}, \quad S = \begin{pmatrix} s_1 \\ s_2 \\ \vdots \\ s_p \end{pmatrix}, \quad B = \begin{pmatrix} \beta_1 \\ \beta_2 \\ \vdots \\ \beta_p \end{pmatrix}$$

方程组(5-28)可简化为:　　　　　$Y'YB = Y'S$

可得最大似然估计值:　　　　　$\hat{B} = (Y'Y)^{-1} Y'S$

将 $\hat{B}$ 代入式(5-26)即可运用其进行多因素的滑坡变形预测。

5.5.3.5　小结

(1)非线性动力学模型主要从滑坡的内在动力学特征入手,以不确定性、偶然性、小扰动导致的滑坡非线性变形为特点,通过构造符合滑坡非线性动力学行为的模型方程,试图揭示滑坡系统变化的复杂特征,刻画滑坡变形与时间之间的关系。本模型适用于具有一定非线性变形特征的短期滑坡变形预测,而对于变形较为稳定的滑坡则适用性欠佳。

(2)匀速加速变化型灰色模型是由改进的灰色模型与时间序列分析模型组合而成的,并采用时序模型对模型的残差进行修正,可对匀速—加速型、加速—匀速型、蠕变—匀速型及蠕变—加速型变形变化趋势进行预测,并且通过震荡周期项的提取,使之具有周期性变化规律的外在因素的影响能够较好地排除。本模型适用于滑坡变形的中长期预测。

(3)多因素灰色预测模型从影响滑坡变形的内在因子和外在因子的角度出发,将滑坡的总体变形视为各种影响因子的叠加效果。对内在影响因子的刻画则借鉴了匀速加速灰色模型中趋势项模型,而外在影响因子则可分解为任意 n 个独立的、与总体变形存在某种线性相关性的影响因素,通过将内在因子和外在因子综合建立多元联合模型并进行整体求解,获得多因素的灰色预测函数。因此,多因素灰色预测模型的最大特点是显式地考虑了与变形有关的内外因子的影响,当这些因素存在明显变化时,能定量地预测出滑坡在这些因素影响下的变形量。该模型适用于以往的监测资料中,降雨、地下水位等外在影响因素与变形存在较大关联度的滑坡变形预测。

5.5.4　区域地质灾害预警

5.5.4.1　区域地质灾害预警方法和基本流程

降雨型区域滑坡预警方法主要有两大类,一是利用专家打分和历史统计资料,运用层次分析法来确定各类滑坡影响因子的权重进行危险等级区划,根据有效降雨量分别确定相应区域的降雨阈值;二是通过对滑坡影响因素的分析,利用逻辑回归模型来确定相应影响因子及权重,利用降雨量与滑坡耦合关系,用逻辑回归的方式确定相应降雨与滑坡的关系,通过绘制 I-D 图确定预警阈值,根据回归分析确定相应预警的等级。本项目的区域预警利用了丹江口区域的坡度图、植被覆盖图、人工分布、土壤分布等影响因子信息,通过层次分析法确定各影响因子的权重,最终获得地质灾害的危险性区划。基本流程如图 5-51 所示。

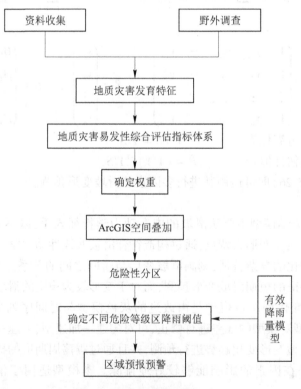

图 5-51　区域预警基本流程

5.5.4.2　区域地质灾害地质-气象耦合模型

在以往降雨预报滑坡方面的研究中,主要是从降雨的角度入手,通过对降雨因子(雨强、雨量和雨时)与滑坡发生关系进行分析,从而得出经验的滑坡预报模式,但由于一般很少考虑地形地质的因素,因而滑坡预报的可靠性和准确性无疑会大大降低。

而考虑地形地质的空间预测模型,可以对区域的灾害危险区进行预测分区,然后通过气象部门或当地设置的雨量监测站获得降雨量值,形成雨量等值线图,并将危险预测区与雨量等值线图叠加确定预警预报区,同时确定区域型滑坡的临界降雨量和降雨强度阈值,建立区域地质灾害预警模型。

考虑降雨量导致滑坡发生或复活,往往是一年中的某次特征参数最大的降雨,如多日最大降雨、最大一次连续降雨、最长一次连续降雨或最大组合降雨等。根据相关文献资料,滑坡与各雨量因子的相关系数如表 5-2 所示。

表 5-2　降雨量因子与滑坡相关性分析结果

序号	降雨量因子	台风区发生滑坡名次		非台风区发生滑坡名次	
		相关系数	名次	相关系数	名次
1	1 d 降雨量	0.930	5	0.584	6
2	2 d 降雨量	0.947	3	0.600	5
3	3 d 降雨量	0.950	2	0.644	3
4	4 d 降雨量	0.960	1	0.660	2
5	5 d 降雨量	0.945	4	0.670	1
6	1 周降雨量	0.900	6	0.640	4
7	一次降雨过程累计降雨量	0.730	8	0.550	8
8	1 月降雨量	0.770	7	0.580	7
9	2 月降雨量	0.690	9	0.490	9

不同的降雨强度对滑坡影响是不同的,表 5-3 列出的为降雨强度因子与滑坡相关性分析结果。

表 5-3　降雨强度因子与滑坡相关性分析结果

序号	降雨强度因子	台风区发生滑坡名次		非台风区发生滑坡名次	
		相关系数	名次	相关系数	名次
1	滑前连续降雨天数	0.30	7	0.27	7
2	≥0.1 mm 降雨天数	0.54	5	0.29	6
3	≥3 mm 降雨天数	0.55	4	0.33	5
4	≥10 mm 降雨天数	0.48	6	0.38	4
5	≥25 mm 降雨天数	0.67	2	0.52	3
6	≥50 mm 降雨天数	0.76	1	0.59	2
7	≥100 mm 降雨天数	0.57	3	0.61	1

1.有效降雨模型的确定

根据丹江口库区实际情况,降雨与滑坡的耦合关系既要考虑当日降雨量,也要顾及前期雨水积累量,本项目用下列表示式来计算有效降雨量:

$$R_V = R_0 + \sum_{i=1}^{n} \alpha^i R_i \tag{5-29}$$

式中:R_V 为有效降雨量;R_0 为当日降雨量;α 为有效降雨系数;n 为前期降雨天数;R_i 为前第 i 天的日降雨量。

根据相关文献的统计分析,n 一般取 5,α 一般取 0.8。

2.降雨量危险性等级划分

依照查询的资料统计分析,将丹江口库区降雨危险等级划分为 3 个等级,即低危险性、中危险性和高危险性,分别对应的阈值如表5-4所示。

表 5-4　诱发滑坡的降雨阈值及危险性等级

项目	低危险性	中危险性	高危险性
当日降雨量/mm	0～50	50～130	>130
有效降雨量/mm	0～150	150～225	>225

3.区域地质-气象耦合

将区域灾害风险等级与降雨量危险性等级进行叠加,叠加结果如表5-5所列。

表 5-5　预警区域等级划分

项目		降雨量危险性等级			
		一级	二级	三级	四级
地质灾害风险空间分布	低风险区	无	无	无	注意级
	中低风险区	无	无	注意级	警示级
	中高风险区	无	注意级	警示级	警戒级
	高风险区	注意级	警示级	警戒级	警报级

4.实现流程

考虑到地质灾害危险区划和区域预警的结果为四级标识的栅格数据,以图像的方式存储在服务器端。其分析计算也必须以服务的形式存在于服务器端,由于计算量相对较大,本系统采用远程异步计算队列服务技术进行区域预警的大数据计算分析。

其基本流程如下:

所有客户端向服务器发送区域预警任务请求,在系统服务器中形成一个先进先出的队列,系统后台相应的计算服务程序对该队列进行轮询(见图5-52)。若存在计算任务,则启动相应计算程序。将计算结果文件存放到固定目录里。结果信息存放到数据库中。远程客户端可以通过检索结果数据库获取计算结果,然后通过 FTP 进行数据下载,最终将结果显示在三维场景中。

服务程序界面如图 5-53 所示,用于对队列里的降雨参数进行内插生成降雨网格数据。对任务和参数队列进行轮询,获得新任务后,马上启动计算程序。由于区域预警等服务程序涉及较大区域栅格数据,必须进行较慢的计算和磁盘访问,因此服务器计算完毕后直接将结果以文件形式存放到服务器上,供用户下载显示,计算结果通知则存储到数据库中。

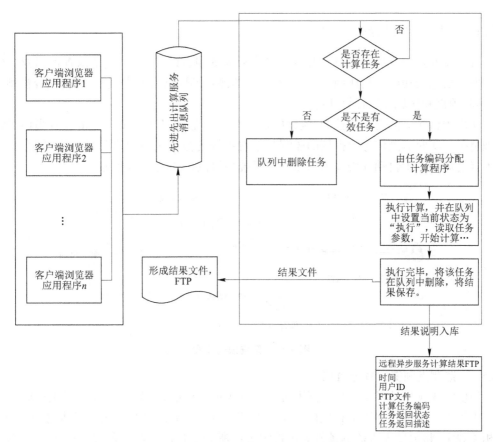

图 5-52　远程异步计算队列服务

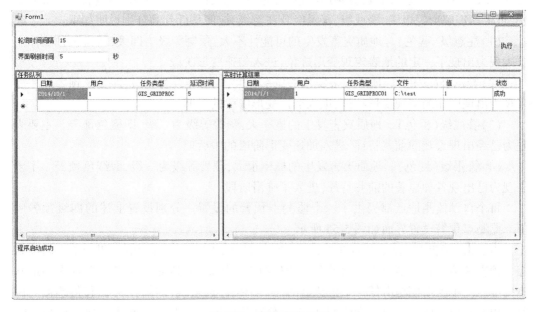

图 5-53　服务程序界面

5.5.5　客户端预警分析实现

客户端通过浏览器实现对实时监测预警和区域预警的参数设置、结果查询以及提供手动发送信息的功能。具体而言,主要实现了监测点预警状态的设置和查询、预警模型管理、预测预报和区域预警计算功能。

实现预警响应的流程化控制,流程的每一个节点都可以通过鼠标点击查看当前流程处理情况。实时监测传感器得到的监测数据对系统的数据进行更新后,预警程序会根据设置好的规则产生自动预警或内部预警。系统预警流程如图 5-54 所示。

图 5-54　系统预警流程

5.5.5.1　监测点预警设置与查询

地质灾害预警结果主要是根据灾害事件发生的紧急程度、发展趋势及可能造成的危害大小等因素来考虑并给出相应的分级。分级参照《中华人民共和国突发事件应对法》的相关规定,将地质灾害监测预警等级按灾害体所处变形阶段与可能发生的概率大小划分为一级、二级、三级及四级,分别用红色、橙色、黄色及蓝色进行显示,一级表示为最高级别,可将其理解为警报级、警戒级、警示级及注意级,按照从低到高分别说明如下:

(1)注意级(蓝色)。地质灾害发生的可能性不大,预警等级为四级,即蓝色预警。主要表现为出现了一定的地表宏观变形迹象,进入匀速变形阶段。

(2)警示级(黄色)。地质灾害发生的概率较大,预警等级为三级,即黄色预警。主要表现为出现明显的宏观变形特征,进入加速变形阶段的初期。

(3)警戒级(橙色)。地质灾害发生的概率大,预警等级为二级,即橙色预警。主要表现为已经出现宏观的前兆特征,进入加速变形阶段的中后期。

(4)警报级(红色)。地质灾害发生的概率很大,预警等级为一级,即红色预警。主要表现为已出现各种显著的前兆特征,进入了临滑阶段。

每个自动监测地点都提供了一个监测点预警的设置。分别设置上述的四级预警阈值。监测点预警设置界面如图 5-55 所示。

当点击"编辑"时会弹出编辑对话框,此时需要输入四个预警阈值。四个预警阈值为综合预警阈值。它是多个单因素模型的加权组合。因此,单因素模型是整个预警的最基本的单元。单因素模型由任一个传感器的任一个统计量组成,例如,1 号位移传感器的位移累积量可以形成一个单因素模型,而 1 号位移传感器的 T_T 切线角也可以形成另一个单因素模型。对某一监测地点,可以通过不同传感器的不同统计量,即以最小预警单元存

图 5-55　监测点预警设置界面

在的不同的单因素模型,通过加权形成综合预警值,用来发布预警。因此,在监测地点预警对话框里点击添加数据,弹出单因素模型设置对话框(见图 5-56),在此可以通过关联选择传感器和统计量,形成一个新的单因素模型,此处又有一个注意级和警戒级的设置,用于设置此处的统计量的阈值。另外,警戒级的值可以用来实现该统计量的准归一化处理,即统计量与警戒级值的比值,与此处权重相乘,再参与综合预警的计算。单因素模型的两级阈值一般不参与直接预警,但直接对单因素进行警示有助于实现特殊的预警模型策略。

图 5-56　监测点预警参数设置对话框

监测点预警结果模块提供的整体功能和表格如图 5-57 所示。主要功能有监测点的按条件查询、监测点信息重置,以及查询监测点信息详细、修改和删除。点击单选框"自动"和"手动"可以通过预警类型对查询的信息进一步筛选。当点击查看某一预警结果时,弹出预警结果对话框。对话框列表中列出所有单因素模型。点击选择曲线可以在下方绘制出该单因素模型对应的传感器在预警发布前一周的所有监测值,以便于分析。

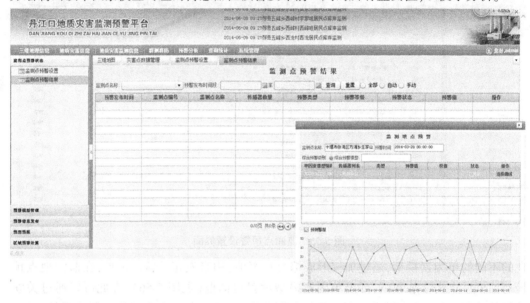

图 5-57　监测点预警结果

5.5.5.2　预警模型管理

预警模型管理列出所有预警模型,这里的预警模型是综合预警模型。本项目在默认情况下,都采用加权平均的方法进行综合模型预警值的计算。但若有特殊要求,比如采用特殊的预警策略,则必须在数据库中增加一条预警模型,以便操纵后台预警发布能按新的综合模型进行分析预警。此处仅是预警模型的查看。预警模型管理界面如图 5-58 所示。

图 5-58　预警模型管理界面

5.5.5.3　预警发布

　　短信预警信息浏览,用列表方式显示出所有发送的预警短信,提供对这些信息的模型查询。其操作界面如图 5-59 所示。

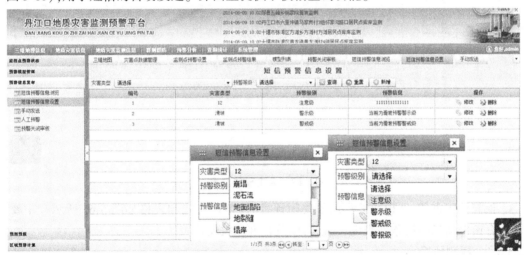

图 5-59　预警短信发布

　　短信预警信息设置用于对特定灾害类型、特定的预警级别设置特定的预警信息(见图 5-60),用于短信的自动发送。界面上提供了模糊查询功能。

图 5-60　短信预警设置

　　手动发送:此功能模块功能是对突发的预警信息进行短信发送功能,此处仅发送短信,并不作为预警进行发送。主要的操作功能和表格形式如图 5-61 所示。

　　人工预警功能用于手动发送预警,该步骤必须选择一个监测地点,设置预警名称,选定一个预警等级,然后填写预警描述(见图 5-62),发布的内容将进入预警发布结果数据库,它不仅发布一条短信,也同时发布了一条标准格式的预警。此预警必须人工干预进行审核关闭,否则就一直处于打开状态。

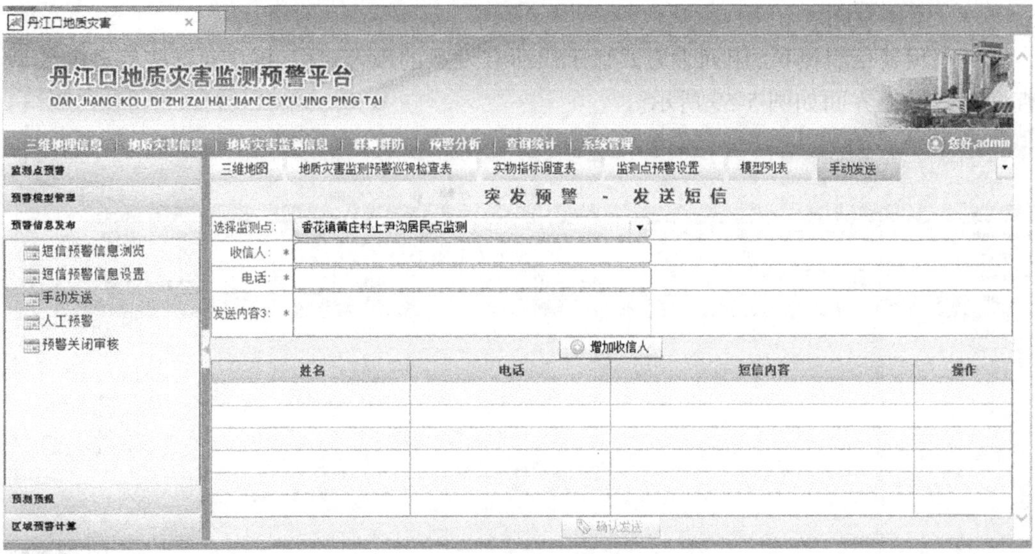

图 5-61　手动短信预警设置

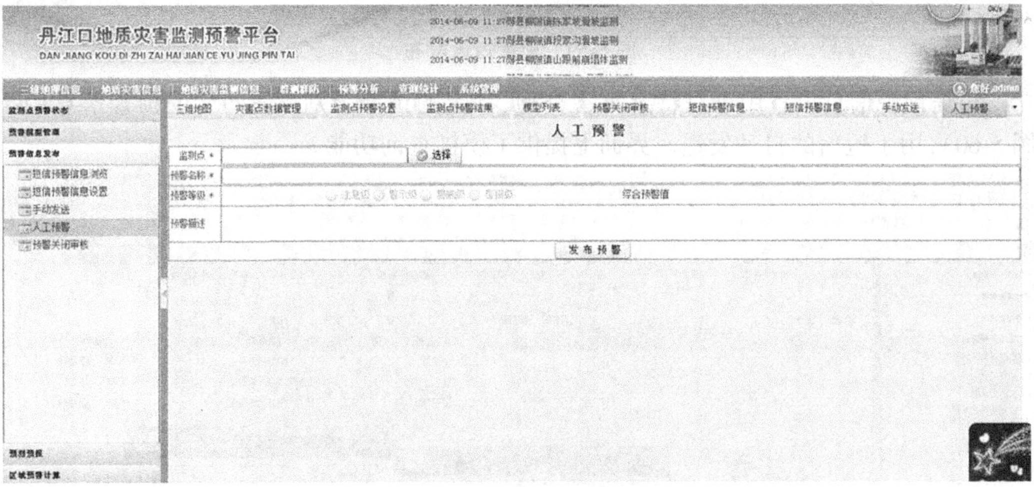

图 5-62　人工预警设置

　　预警关闭审核：此模块的作用是关闭预警，其整体功能和表格如图 5-63 所示。主要功能有预警信息的按条件查询和重置，以及查询和关闭预警。

5.5.5.4　预测预报

　　本项目中提出了三种滑坡变形预测模型，即非线性动力学模型、匀速加速变化型灰色模型、多因素灰色预测模型。通过选取恰当的预测模型，结合丰富的现场监测数据，可以对滑坡变形做出较为准确的预测。

　　非线性动力学模型、灾变理论模型等认为系统具有不确定性、偶然性、小扰动可导致系统稳变形发生质的变化等非线性特点，试图揭示滑坡系统变形的复杂特征，通过构造符合滑坡非线性动力学行为的模型方程，刻画滑坡的变形与时间之间的关系。

图 5-63　预警信息查询与关闭

匀速加速变化型灰色模型是由改进的灰色模型与时间序列分析模型组合而成,并采用时序模型对模型的残差进行修正,可对匀速—加速型、加速—匀速型、蠕变—匀速型及蠕变—加速型变形变化趋势进行预测,并且通过震荡周期项的提取,使之对具有周期性变化规律的外在因素的影响能够较好地排出。本模型适用于滑坡变形的中长期预测。

多因素灰色预测模型从影响滑坡变形的内在因子和外在因子的角度出发,将滑坡的总体变形视为各种影响因子的叠加效果。对内在影响因子的刻画则借鉴了匀速加速灰色模型中趋势项模型,而外在影响因子则可分解为任意 n 个独立的、与总体变形存在某种线性相关性的影响因素,通过将内在因子和外在因子综合建立多元联合模型并进行整体求解,获得多因素的灰色预测函数。因此,多因素灰色预测模型的最大特点是显式地考虑了与变形有关的内外因子的影响,当这些因素存在明显变化时,能定量地预测出滑坡在这些因素影响下的变形量。该模型适用于以往的监测资料中,降雨、地下水位等外在影响因素与变形存在较大关联度的滑坡变形预测。

预测预报子功能通过提供对灰色系统、非线性预测、多因素预测预报提供操作界面,显示当前监测数据列表值,实现对未来 5 个左右数据的预测预报。操作界面提供了列表显示和曲线图显示两种方法,直观地显示了预测结果。预测预报操作界面如图 5-64所示。

5.5.5.5　区域预警

区域预警首先要对丹江口地区进行区域地质灾害危险度划分。本项目共划分了四级危险区,综合考虑了地形、植被、土壤、人口和地质条件等因素。区域划分结果可以作为实时在线区域预警的基础数据,其分辨率大约在 100 m 以内。降雨值通过传感器传入数据库,根据计算获得有效降雨值,将有效降雨值数据与地质灾害危险性区划进行叠加分析,形成最终的区域预警值,以栅格数据的方式进行渲染和展现。

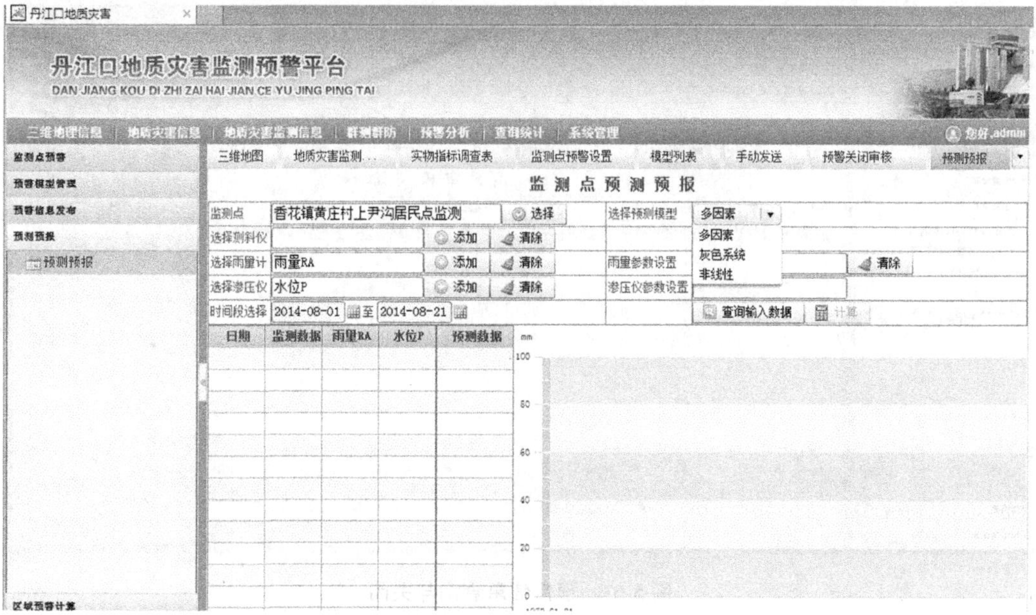

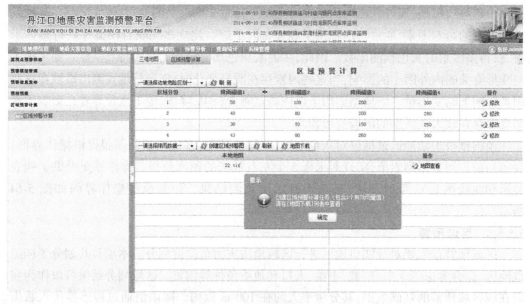

图 5-64　预测预报操作界面

区域预警的基本操作界面如图 5-65 所示。包括了基于危险区划分的降雨阈值设定、计算结果的下载和刷新等功能。系统可以对不同预警区域进行降雨量分级设置,但此步骤需要对降雨滑坡和危险区划进行相关性分析,目前的系统是根据经验值进行相对固定的设置的。

图 5-65　区域预警操作界面

续图 5-65

在三维系统中,存在一个加载栅格数据的功能。通过区域预警文件的下载,所有计算结果可以下载到本地。于是,可以通过加载栅格数据,在三维场景中直接显示区域地质灾害预警结果。

5.6　系统管理子系统

5.6.1　总体概述

此模块中有数据管理和用户权限管理两部分。

数据管理主要功能是对各种基础数据进行管理维护,包括灾害点数据、监测点数据、监测项目数据、传感器数据和现场站数据五类数据。

用户权限管理包括用户管理和权限管理两部分,主要用于创建各种用户,本系统权限由高到低依次设置为管理员、决策用户、监测点用户、普通用户。由于本系统是通过互联网远程访问的方式进行操作,只要拥有密码且能上网,所有人都可以登录使用。但本系统的各类功能分别对应着不同的用户目标。如系统管理员拥有最大权限,可以使用、设定修改所有功能和数据。决策用户可以操作各种专业分析功能,但系统管理功能无权进行设定和更改。普通用户可以进行一般性的浏览、查询操作,无权对各类参数和系统进行设定。

5.6.2　功能描述

5.6.2.1　数据管理

数据管理中共有五张表,分别是灾害点数据管理、监测点数据管理、监测项目数据管理、传感器数据管理、现场站数据管理。此功能为系统管理员功能,不允许其他权限的用户进行维护。图 5-66 中显示的分别是灾害点数据管理、监测点数据管理和现场站数据管理的操作界面。

5.6.2.2　用户管理

用户管理模块提供的整体功能和表格格式如图 5-67 所示,作用是管理用户。其主要功能有添加、修改和删除用户。

权限管理模块提供的整体功能和表格格式如图 5-68 所示,作用是管理各种用户的权限。其主要操作有录入、删除和修改权限。权限管理可以用来创建角色。不同的角色可以操作不同的用户菜单,因此也就具备了不同的权限。创建角色对话框通过勾选不同菜单方式决定角色可以操作的菜单项。

图 5-66　数据管理界面

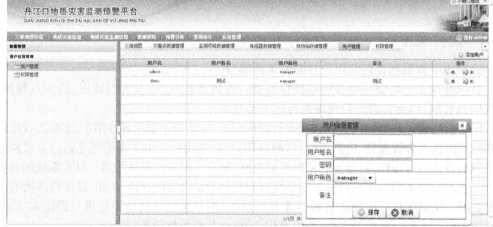

图 5-67　用户管理界面

图 5-68　权限管理界面

5.7　地质灾害点三维激光扫描成果展示子系统

5.7.1　总体概述

由于激光数据的精度高、测量速度快,能够迅速获取地质灾害区域的地形地貌,因此在本项目中得到广泛应用。对多数地质灾害监测点进行了激光数据的采集。激光点云数据采用标准的 LAS 格式进行获取。本系统采用了 SKYLINE 的 TerraGate 和 TerraExplorePro 作为三维 GIS 的基础平台,SKYLINE 本身提供了对点云模块的加载,但不支持直接显示标准 LAS 格式数据,必须使用 TerraExplorePro 附带的 MakeCPT 工具将 LAS 格式转换为 SKYLINE 内部支持的 CPT 格式才能在三维场景中进行显示。通过 TerraGate,可以将所有激光点云数据进行发布,通过互联网就可以进行远程浏览。

5.7.2　数据制作

在 TerraExplorePro 中通过 TOOLS 菜单的 MakePointCloudModel 选项,打开图 5-69 所示的对话框,加载标准 LAS 格式的激光点云数据。对 LAS 格式数据进行转换,形成 SKYLINE 支持的 CPT 格式,然后在 TerraGate 中进行 CPT 数据的发布。通过 TerraExplorePro 预先加载点云数据,进行显示的设置,获取正确的位置,去除背景黑色区域,并将对激光点云显示的所有设置保存到相应的 FLY 文件中。

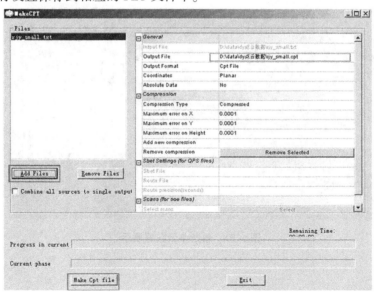

图 5-69　三维激光点云数据预处理

5.7.3　激光点云数据的显示

客户端在浏览激光点云数据时,海量点云数据以分层和分块的方式进行组织和传输。

当客户端在三维场景中近距离观测激光点云数据时,服务器将不断把更精细的数据传输到客户端,使得客户端浏览器中不断获取更新、更精细的数据。在极端情况下,由于数据的不断增加将导致客户端内存资源耗尽,因此激光点云的浏览要求客户端具有较强的硬件,一般建议拥有 8 GB 以上内存。为了更好地浏览激光点云,可以更改地表透明度,避免点云和地表相互遮盖。图 5-70 左下部分展示了某一监测地点激光扫描数据的显示,点云颜色代表了相对高程,而右下部分则展示了相同位置的细节,并将地表透明度设置为75%,可见海量的激光点云数据可以在客户端展示局部的精确的细节信息。

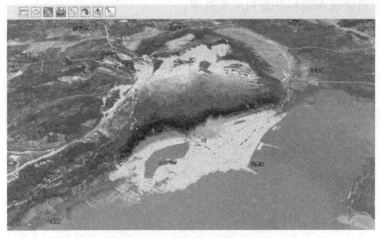

图 5-70　激光点云数据展示

第 6 章　数据处理与数据库建设

数据标准化是系统建设的一个重要的基础工作之一,它直接影响到系统内部的数据交换、外部系统的数据传输、预警预报效果、决策支持和对外综合信息服务。系统的运行、数据的使用、数据的交换、数据的存储以及与其他应用系统的联系都要遵循一致的、标准化的数据规定,科学制定数据库的数据标准。

6.1　数据分类与数据库设计原则

6.1.1　数据分类

数据是信息的载体,是系统处理的主要对象,数据分析是建立数据库和设计系统功能模块的基础。

按数据类型划分,丹江口库区地质灾害防治数据包括自然地理数据、高精度航空影像数据及遥感数据、地质灾害数据、地质灾害专业监测数据、群测群防数据、综合文档和其他数据。

(1)自然地理数据。主要包括如行政区划、地表水系、城镇村落基础设施等矢量数据以及 DEM 数据,这些基础数据提供管理的背景条件,并用于信息发布的地理底图。

(2)高精度航空影像数据及遥感数据。主要包括采集的航拍数据,以及购买的各类不同分辨率的遥感数据。

(3)地质灾害数据。包括灾害点相关调查信息、平面图、剖面图等,地质灾害分布图、遥感解译图、易发区划图、危险区划图、防治规划图等。

(4)地质灾害专业监测数据。主要有分布图、站点信息和监测数据(例如地表位移、深部位移、地下水、降雨量等监测数据)以及监测点信息(责任人、安装位置等)。该部分数据便于管理者对地质灾害专业监测设备进行实时查询。

(5)群测群防数据。包括 2 卡 1 表(地质灾害工作明白卡、地质灾害避灾明白卡、地质灾害防灾预案表)数据、人工观测数据及行政责任人数据。

(6)综合文档和其他数据。包括图片、录像、Word 文档、电子表格、幻灯片等形式的项目简介、项目成果报告数据及多媒体数据。

按照安全等级划分,可分为涉密数据、内部业务数据、公开共享数据。

基础信息系统开发技术路线如图 6-1 所示。

6.1.2　数据采集及数据库建设原则

(1)建立数据即时传输通道,保证数据的及时、准确。在数据采集过程中,通过采集终端远程传输的数据,服务器接收后,后台入库前要进行格式校验和可靠性审核,防止因

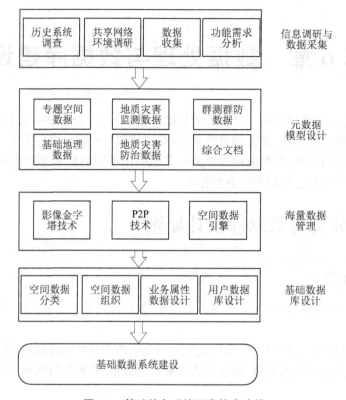

图 6-1　基础信息系统开发技术路线

丢失或误报数据引发预警系统预警。

　　（2）系统网络架构采用 B/S 方式,有权限的用户可通过网络实现基础数据的录入、更新与维护。

　　（3）数据库数据应符合国家或地方的行业标准和图示规范,制定统一的数据标准和操作规范,在数据库建设的各个环节严格按照标准和规范执行。

　　（4）实现空间和非空间数据的一体化集成,实现空间数据的"无缝"组织。

　　（5）空间数据应满足制图及 GIS 应用技术要求。

　　（6）实现流行商用数据库系统及 GIS 平台间的数据格式转换,不同数据格式的转换、数据交换和传输、共享与互操作。

　　（7）建立数据管理的控制机制,防止数据经最后确认后再被改动,保持系统的稳定性。

6.1.3　数据库结构设计

　　根据数据的特点,将系统数据划分为空间数据库与非空间数据库,空间数据库采用空间数据引擎存储管理,非空间数据利用关系数据库进行管理。

　　空间数据采用目前较为流行的空间数据解决方案:在以 Geodatabase 为数据模型的空间数据库之上增加一层空间数据引擎(Spatial Data Engine) 软件,形成对象–关系数据库管理系统,实现对空间数据和属性数据的一体化管理。空间数据采用统一的平面和高程基准,并按照目前最常用的 SHP 格式分层存放。

非空间数据按照系统实际需求,以现有业务资料为依据进行整理入库。数据需要体现历史性、连续性和变化性,这些特性主要体现在该系统的业务属性数据库中。在构建业务数据库时,采取了以下措施满足系统业务的需求:

(1)业务专题数据均以数据库表的形式物理存储在业务专题数据库中,方便查询访问。

(2)采用统一数据标准,规范分类原则。

(3)设计数据库元数据表,元数据表记录了各字段标识码与相应字段的对应关系,以及字段参数的具体说明。

(4)设计数据库字典表,字典表解释了各关联表之间的关系,将有关系的数据库表进行关联,方便信息查询,同时有效地保持了数据的一致性,并大量采用了存储过程,提高了数据库查询和编辑的效率。

6.1.4　数据库功能设计

地质灾害预警系统需要大量的信息支撑,信息种类繁多,在数据库性能方面需要具备适应大数据量处理的能力,避免系统瓶颈产生,同时应能体现出对大数据量一致性管理和易挖掘性的潜在能力。数据库设计满足以下功能:

(1)数据定义功能。提供相应数据语言来定义数据库结构,它们刻画数据库框架,并被保存在数据字典中。

(2)数据存取功能。提供数据操纵语言,实现对数据库数据的基本存取操作:检索、新增、修改和删除。

(3)数据库运行管理功能。提供数据控制功能,即是数据的安全性、完整性和并发控制等对数据库运行进行有效的控制和管理,以确保数据正确有效。

(4)数据库的建立和维护功能。包括数据库初始数据的装入,数据库的转储、恢复、重组织,系统性能监视、分析等功能。

数据库具备定时备份功能,可提供多种数据格式、类型的转换功能。支持多类型数据存储,便于数据维护和更新,易于日后的数据挖掘。

6.1.5　用户数据库设计

系统用户权限管理以及数据源管理配置完全由用户数据库支撑。基于用户数据库,系统数据库管理子系统实现用户信息存储、用户权限分配、系统角色设置及系统数据源管理的功能。用户数据库的设计思想主要基于以下几点:

(1)建立用户信息表,存储用户完整个人信息。

(2)对系统的每项功能进行唯一的系统功能编码,建立用户权限表,记录用户可使用的系统功能编码,实现用户权限分配功能。

(3)建立系统角色表,记录各个角色拥有的系统功能代码。

(4)建立多个数据表实现系统数据源管理功能,如记录系统默认加载图层、记录各图层默认符号配置等,并与用户信息表关联,实现用户个性配置功能。

6.1.6　元数据模型设计

元数据是"关于数据的数据",描述现有数据的位置、来源、内容、属性和状态,主要包括以下几类:数据的描述、产品的描述、编码、各种映射关系、各种数据的结构说明、各种数据模型等。

本系统设计元数据体系的目的是提供一个描述地质灾害预警的地理空间数据集的过程,以便判断确定所拥有的数据集的适宜性,能够查询和访问地理空间数据。具体方法为:通过建立一个元数据术语、定义及扩展的公用集合,使地质灾害地理信息数据的管理、检索和使用更加有效,为那些不熟悉地理空间数据的用户很方便地提供表征它们地理数据的所需信息。

元数据管理应该具有以下功能:元数据管理与维护模块完成各种数据元数据信息的更改,并建立可靠的元数据日志管理,保障元数据信息的正确性和完整性。同时,该模块对数据管理人员提供可视化的元数据管理界面,方便数据库管理人员掌握数据库整体信息,对数据库中的数据产品信息进行有效管理。

元数据管理模块同时包括元数据索引的配置功能,元数据索引配置主要完成对资源元数据相关表项,根据其不同元数据列的特点建立不同的元数据索引方案。地理信息元数据的国际标准遵从《地理信息 元数据》(ISO 19115:2003)。

6.2　地质灾害综合信息数据库构建

6.2.1　地质灾害数据收集

根据地质灾害数据的来源等可以将地质灾害数据归纳为以下四种类型:

(1)历史文献。历史上所发生的重大地质灾害基本都会在历史文献中存在相应的记录,如科技类文献、地方志、专著、论文以及新闻等。这些信息比较分散,没有被系统地记录,且主要都是纸质类,因此收集比较耗时耗力。

(2)技术报告。技术报告主要来源于从事地质灾害勘察、设计及管理部门,这类地质灾害信息记录比较全面,但是主要都是单体灾害点,针对区域地质灾害还是没有系统的整理。

(3)地质灾害现场编录。地质灾害现场编录也称为地灾普查,是地质灾害原始数据来源的主要方式。

(4)地质灾害遥感解译。由于视野上的限制或受交通不便等因素的影响,会给传统的地面地质灾害调查带来诸多困难。为此,随着卫星遥感等技术的不断发展,高分辨率的航摄像片被大量应用于地质灾害应急调查,并获得了良好的效果。目前,地质灾害遥感解译的基本方法通常根据调查区域的地面形态与地貌特征进行识别。

6.2.2　地质灾害数据的组织和处理

地质灾害综合信息数据库的构建是整个系统的基础,由于地质灾害数据库的原始数据具有多源、分散及分层等特性,因此在数据入库之前,必须对原始数据进行统一的标准化、规范化处理。在此基础上,对地质灾害多源数据库的设计才具有针对性,才能保证数据库的长期稳定运行。

地质灾害数据根据其实体对象的不同可以分为空间数据与属性数据。空间数据包括矢量数据与栅格数据两种数据结构类型,其中矢量数据主要包括研究区基础地理信息(如行政区划、道路、水系)、基础地质信息(如地层岩性、断层)以及专题图(如地质灾害分布图、危险性分区图)等,栅格数据主要是数字高程模型数据以及航空遥感影像。空间数据可以利用 ArcGIS 软件进行原始数据编辑、校正、修饰以及组织入库等操作,属性数据则按照《1∶50 000 地质灾害调查信息化成果技术要求》进行统一处理。地质灾害综合信息数据库建立流程如图 6-2 所示。

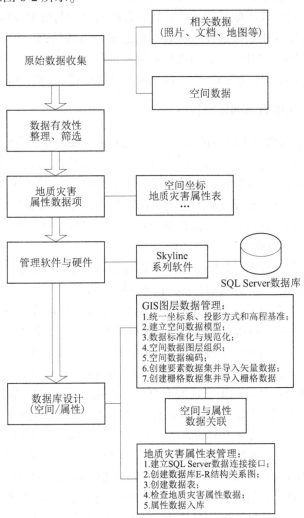

图 6-2　地质灾害综合信息数据库建立流程

地质灾害数据的组织与处理主要是针对地质灾害空间数据与属性数据进行预处理。空间数据与属性数据的组织和处理通常应注意以下几个方面:

（1）分清空间图元、图元属性及标注三者之间的关系。特别需要重视的是属性数据中的内容必须与唯一的空间图元相对应，即空间数据库与属性数据库中的关键字必须统一，满足一致性要求。标注则主要是为制图输出服务的，不能给标注赋属性。

（2）在构建数据库时，应将直接获得的原始数据与派生数据区分开，便于后期数据更新与维护。

（3）针对随时间存在变化的数据，如果属性变化而空间几何关系不变，可作为同一图层的不同属性进行存储；如果属性和空间几何关系都发生改变，则应分为不同的图层进行管理。

空间基础数据的预处理主要包括改正制图过程中的错误数据、由线生成区（如构造地层岩性）、图形投影变换与误差校正。除此以外，为了实现丰富、美观的图形显示，还要进行图元编辑、图层组织及图幅接边等。在属性数据的组织与处理方面，为了减少属性数据编辑的工作量，可以使用外挂属性数据表对信息进行有效管理。但前提是首先建立空间数据与属性数据的唯一对应关系，即通过给图元进行编码确定唯一标识，保证空间图元与属性表以及同外挂数据库的关联，用于区别或联系各个图元的属性信息。

6.2.3　地质灾害空间数据库设计

构建地质灾害空间数据库的目的主要是能够方便查询地理空间数据，同时又能对有关空间数据进行编辑、删除、更新等操作，实现对地质灾害空间数据的有效管理。伴随着数据库技术的快速发展，空间数据库的体系结构也先后经历了基于关系模型的空间数据库、面向对象的空间数据库和基于对象-关系耦合模型的空间数据库三个阶段。但是不管空间数据库的体系结构如何改变，都是基于相应的空间数据模型而建立的。

6.2.3.1　地质灾害空间数据模型

数据是描述客观事物的符号或记录，在数据库中通常是使用数据模型来抽象、表示及处理现实世界中的实体。空间数据模型是空间数据库的基础，反映了客观实体及其相互作用关系，为空间数据组织与模式设计提供了基本方法，也是地理信息系统研究的核心。目前，空间数据库常用的 Geodatabase 数据模型是由标准关系数据库扩展而得到的，不仅支持复杂网络、关系及面向对象的特征，具有安全、开放、一致等重要特性，且适用于大规模空间数据的组织与管理，因而被广泛采用。统一建模语言（UML，Unified Modeling Language）是由 Rational 公司开发的第三代面向对象的建模语言。UML 是概念层建模的新标准之一，是一种可视化、文档化、面向对象的标准系统建模语言，具备一套完整的符号体系与描述规则。UML 由于是通过图形的方式来描述各类系统，应用范围较广，且适用于系统开发的各个阶段。其中最常见的是用来构建数据模型，特别是利用 UML 静态图来设计空间数据库的 Geodatabase 数据模型。结合地质灾害现场调查总结，深入分析地质灾害数据结构特征，以面向对象的信息建模思想来建立地质灾害信息模型，利用 UML 静态视图结构设计，获得地质灾害信息管理的具体形式、处理方法、约束及应建立的联系。其中地质灾害隐患点实体对象是针对某一灾害点的标识，主要包括滑坡、崩塌、泥石流等。各类灾害点在 GIS 图层中都表现为点图元，而附件对象不存在空间信息，由统一编号建立索引，其属性主要是与灾害点相关的大字段信息，通过数据库存储文件路径的方式来进行有效管理。

　　基于上述地质灾害空间数据模型设计,结合应用需求条件来建立用于存储地质灾害数据的 Geodatabase 空间数据组织结构。在创建元素表时,模型中有图形属性的类将单独建 Geodatabase 特征类,并建立其属性联系保证一致性操作。

6.2.3.2　空间数据库结构设计

　　根据工业标准设计的统一建模语言(UML)建立了地质灾害空间数据模型。在此基础上,通过 CASE 工具(Microsoft Visio)完成对空间数据库结构设计(见图 6-3)。地质灾害空间数据主要由点图元与多边形图元组成,都具有统一的编号(id),点图元主要用于表示地图上的兴趣点,如滑坡监测点等,多边形图元主要用于表示地物边界,如灾害点边界。

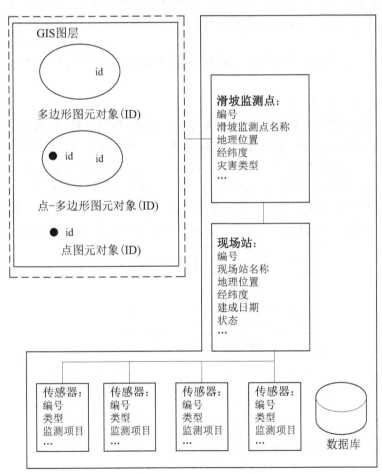

图 6-3　数据库结构设计

　　地质灾害属性信息由于数据项较多,因此可以根据其属性特征进行归类,利用外挂属性数据表的方式进行有效管理。如图 6-3 中的地质灾害滑坡监测点基本信息为滑坡监测点名称、地理位置等,通过统一的滑坡监测点编号进行关联。同时,滑坡监测点编号也是建立地质灾害空间数据与属性数据的唯一关系。显然,数据表中的不少信息是相当复杂的,即使通过现场调查也很难获得比较全面的数据。例如,由于受山区地形条件限制而无法到达的区域,灾害点的地貌特征、地层岩性以及地质构造等信息就难以获得。但是,地质灾害数据库的建立是从灾害点可能涉及的所有信息来进行综合考虑与设计的,后续工作中可以通过研发的数据管理功能模块进行数据的补充与完善,并且地质灾害数据库在今后的长期运行过程中还将不断地进行优化,以便更适合所研究区域的实际情况。

6.2.3.3　空间数据入库

空间数据处理的方法和过程直接影响到最终数据的质量。对空间数据处理过程实施质量控制,可以保证数据的处理过程产生的误差在系统可以接受的范围之内,满足使用的要求。本系统数据处理的方案,需参照测绘行业数据处理及质量控制方案来实行质量控制,保证数据处理误差控制在合理的范围内。数据处理的大部分工作将采用 ArcGIS 平台。

对整个处理过程实施三步质量控制方式:自查—审校—复查,保证数据处理的质量控制。

1.空间数据建设流程

在进行空间数据建设实施前,要进行充分的、详细的数据分析,在相关标准的基础上制定相应的数据处理(生产)流程规范,来保证整个空间数据库设计的完整性,具体包括编码、数据类型、存储格式、输入输出接口等的统一。空间数据库的制作和加工也必须遵循统一编码、统一规格的原则,各类地物的标识应与国家或行业相关标准一致。

由于数据库中业务相关地理数据和业务数据专业性很强,需要编制资料整编和数据录入规范,作为数据库建设的指导文件。空间数据库建设流程如图 6-4 所示。

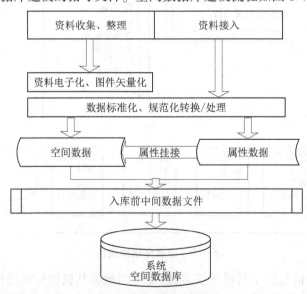

图6-4　空间数据库建设流程

2.空间数据处理

基于地形模型的三维场景集成流程如图 6-5 所示。

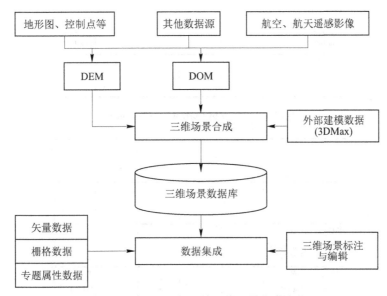

图 6-5 基于地形模型的三维场景集成流程

3.DOM、DEM 分块组织

1) 瓦片金字塔详解及其对应公式

采取笛卡儿坐标,原点($X=0,Y=0$)在投影坐标左下方,即南极点($-90\ -180$ in latitude and longitude),如图 6-6 所示。

如图 6-7 所示,平台使用"Level Zero Tile Size"来决定每一个瓦片宽和高的大小(所有的瓦片都是正方形。标准的 Level Zero Tile Size 必须满足能被 180 整除。The level zero tile size(以后称作 lzts)是层与层间转换的最简单的距离。在 NLT Landsat 7 中,lzts 被默认设置为 2.25 度。可用以下公式计算第 N 层的 tile size:size = lzts/2^N,也就是说,下一层将上一层一分为四(见图 6-8)。

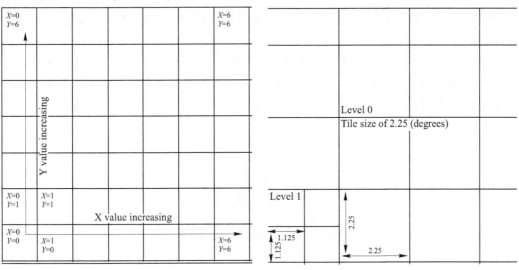

图 6-6   图 6-7

(0,6) Lat -76.5 Lon -180						(6,6) Lat -76.5 Lon -166.5
		Lat/Lon increases by Current level Tile Size (in degrees) for each tile				
(0,1) Lat -87.75 Lon -180	(1,1) Lat -87.75 Lon -177.75					
(0,0) Lat -90 Lon -180	(1,0) Lat -90 Lon -177.75					(6,0) Lat -90 Lon -166.5

图 6-8　显示坐标轴在 X、Y 方向值的增量

2) 瓦片金字塔模型构建

金字塔是一种多分辨率层次模型。在地形场景绘制时,在保证显示精度的前提下,为提高显示速度,不同区域通常需要不同分辨率的数字高程模型数据和纹理影像数据。数字高程模型金字塔和影像金字塔则可以直接提供这些数据而无须进行实时重采样。尽管金字塔模型增加了数据的存储空间,但能够减少完成地形绘制所需的总机时。分块的瓦片金字塔模型还能够进一步减少数据访问量,提高系统输入输出的执行效率,从而提升系统的整体性能。当地形显示窗口大小固定时,采用瓦片金字塔模型可以使数据访问量基本保持不变。瓦片金字塔模型的这一特性对海量地形实时可视化是非常重要的。

在构建地形金字塔时,首先把原始地形数据作为金字塔的底层,即第 0 层,并对其进行分块,形成第 0 层瓦片矩阵。在第 0 层的基础上,按每 2×2 个像素合成为一个像素的方法生成第 1 层,并对其进行分块,形成第 1 层瓦片矩阵。如此下去,构成整个瓦片金字塔,如图 6-9 所示。

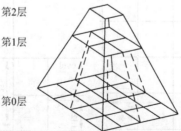

第2层
第1层
第0层

图 6-9　瓦片金字塔构建示意图

以影像为例,设第 1 层的像素矩阵大小为 irl×icl,分辨率为 resl,瓦片大小为 is×is,则瓦片矩阵的大小 trl×tcl 为:

$$trl = \lfloor irl/is \rfloor$$
$$tcl = \lfloor irl/is \rfloor$$

其中“$\lfloor\ \rfloor$”为向下取整符,下同。

按每 2×2 个像素合成为 1 个像素后生成的第 l+1 层的像素矩阵大小 irl+1×icl+1 为:

$$irl+1 = \lfloor irl/2 \rfloor$$
$$icl+1 = \lfloor icl/2 \rfloor$$

其分辨率 resl+1 为:

$$resl+1 = resl×2$$

不失一般性,规定像素合成从像素矩阵的左下角开始,从左至右、从下到上依次进行。同时,规定瓦片分块也从左下角开始,从左至右、从下到上依次进行。在上述规定的约束下,影像与其瓦片金字塔模型是互逆的。同时,影像的瓦片金字塔模型也便于转换成具有更明确拓扑关系的四叉树结构。

3)线性四叉树瓦片索引

四叉树是一种每个非叶子节点最多只有四个分支的树形结构,也是一种层次数据结构,其特性是能够实现空间递归分解。图 6-10 是瓦片金字塔模型的四叉树结构示意图,其中矩形符号代表叶子节点,圆形符号代表非叶子节点。

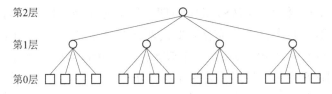

图 6-10　瓦片金字塔模型的四叉树结构

平台采用四叉树来构建瓦片索引和管理瓦片数据。在瓦片金字塔基础上构建线性四叉树瓦片索引分为三步:逻辑分块、节点编码和物理分块。

(1)逻辑分块。

与构建瓦片金字塔对应,规定块划分从地形数据左下角开始,从左至右、从下到上依次进行。同时,规定四叉树的层编码与金字塔的层编码保持一致,即四叉树的底层对应金字塔的底层。

设(ix,iy)为像素坐标,is 为瓦片大小,io 为相邻瓦片重叠度,以像素为单位;(tx,ty)为瓦片坐标,以块为单位;l 为层号。

若瓦片坐标(tx,ty)已知,则瓦片左下角的像素坐标(ixlb,iylb)为:

$$ixlb = tx×is$$
$$iylb = ty×is$$

瓦片右上角的像素坐标(ixrt,iyrt)为:

$$ixrt = (tx+1)×is+io-1$$

$$iyrt = (ty+1) \times is+io-1$$

如果像素坐标(ix,iy)已知,则像素所属瓦片的坐标为:

$$tx = \lfloor ix/is \rfloor$$

$$ty = \lfloor iy/is \rfloor$$

由像素矩阵行数和列数以及瓦片大小,可以计算出瓦片矩阵的行数和列数,然后按从左至右、从下到上的顺序依次生成逻辑瓦片,逻辑瓦片由$[(ixlb, iylb),(ixrt, iyrt),(tx, ty),1]$唯一标识。

(2)节点编码。

假定用一维数组来存储瓦片索引,瓦片排序从底层开始,按从左至右、从下到上的顺序依次进行,瓦片在数组中的偏移量即为节点编码。为了提取瓦片$(tx, ty, 1)$,必须计算出其偏移量。可采用一个一维数组来存储每层瓦片的起始偏移量,设为 osl。若第 1 层瓦片矩阵的列数为 tcl,则瓦片$(tx, ty, 1)$的偏移量 offset 为:

$$offset = ty \times tcl+tx+osl$$

(3)物理分块。

在逻辑分块的基础上对地形数据进行物理分块,生成地形数据子块。对上边界和右边界瓦片中的多余部分用无效像素值填充。物理分块完毕,按瓦片编号顺序存储。

4)瓦片拓扑关系

瓦片拓扑关系包括同一层内邻接关系和上下层之间的双亲与孩子关系两个方面。邻接关系分别为东(E)、西(W)、南(S)、北(N)四个邻接瓦片,如图 6-11(a)所示;与下层四个孩子的关系分别为西南(SW)、东南(SE)、西北(NW)、东北(NE)四个孩子瓦片,如图 6-11(b)所示;与上层双亲的关系是一个双亲瓦片,如图 6-11(c)所示。若已知瓦片坐标为$(tx, ty, 1)$,则该瓦片相关的拓扑关系可表示为:

(1)东、西、南、北四个邻接瓦片的坐标分别为$(tx+1, ty, 1)$、$(tx-1, ty, 1)$、$(tx, ty-1, 1)$、$(tx, ty+1, 1)$。

(2)西南、东南、西北、东北四个孩子瓦片的坐标分别为$(2tx, 2ty, 1-1)$、$(2tx+1, 2ty, 1-1)$、$(2tx, 2ty+1, 1-1)$、$(2tx+1, 2ty+1, 1-1)$。

(3)双亲瓦片的坐标为$(tx/2, ty/2, 1+1)$。

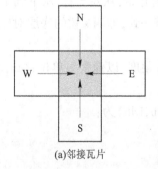
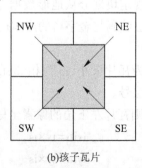
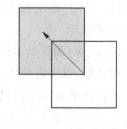

(a)邻接瓦片　　　　　　(b)孩子瓦片　　　　　　(c)双亲瓦片

图 6-11　瓦片拓扑关系示意图

瓦片金字塔模型和线性四叉树索引相结合的数据管理模式,能够满足海量地形数据实时可视化的需要,并且在实现海量地形几何数据实时绘制的同时完成了海量纹理数据的实时映射;通过对视景体可见区域外地形数据的裁剪和基于分辨率测试的目标瓦片快速搜索算法,大大减少了地形绘制的数据量,提高了系统的执行效率;采用基于高、中、低优先级的地形瓦片请求预测方法,进一步提高了三维地形交互漫游的速度。

6.2.4　地质灾害属性数据库设计

数据库技术是计算机数据处理与信息管理系统的核心,主要解决大规模数据的有效组织、冗余、安全、共享及检索等问题。数据库结构设计是否合理会直接影响到系统的运行质量。

数据库设计以构建最优数据库结构,满足系统功能需求为目的,通常要经过详细的需求分析、数据库概念设计及逻辑结构设计等阶段。其中数据库概念设计又是构建数据库最为关键的一步,目前广泛采用的数据库概念模型设计方法是建立数据联系模型(E-R模型,Entity Relationship Model),其基本元素包括实体、联系及属性。实体即是一个单独的数据对象,在应用中可以区别客观存在的事物,如监测责任人。联系是实体之间的一种行为,表示一个或多个实体之间的关联特征,如监测责任人与地质灾害监测点是一对多的关系。属性是实体的特性,通过一个实体会包含多个属性,如监测责任人这一实体就包括其姓名、联系电话等多种性质。在一个实体中,通常将能够唯一标示实体属性的定义为"实体标示符",即主键。在确定了地质灾害监测预警相关的所有数据项及其相互之间的关系后,就可以构建其数据库E-R关系图,如地质灾害监测信息数据库E-R模型(见图6-12)、地质灾害预警数据库E-R模型(见图6-13)。

从地质灾害信息数据库E-R模型(见图6-12)可见,地质灾害监测涉及内容较多,关系比较复杂,主要包括地质灾害点、滑坡监测点、现场站、传感器等地质灾害监测信息。图6-13是地质灾害监测预警E-R模型关系图,可见地质灾害监测预警主要包括预警模型、预警判据、信息发布对象等,其中预警判据又分为监测点预警判据与灾害点综合预警判据,信息发布对象包括管理部门、监测责任人。此外,预警信息通过短信或邮件发送的所有记录都将存储于数据库中,便于后期验证系统可靠性,完善地质灾害监测预警方法及系统功能。

6.3　地质灾害综合信息数据库表

地质灾害综合信息数据库在SQL Server支持下,采用关系模型作为数据的组织方式,利用E-R图对各数据实体及其联系进行分析,建立数据实体模型,进而设计数据表结构。数据库中部分具体库表如图6-14、图6-15所示。

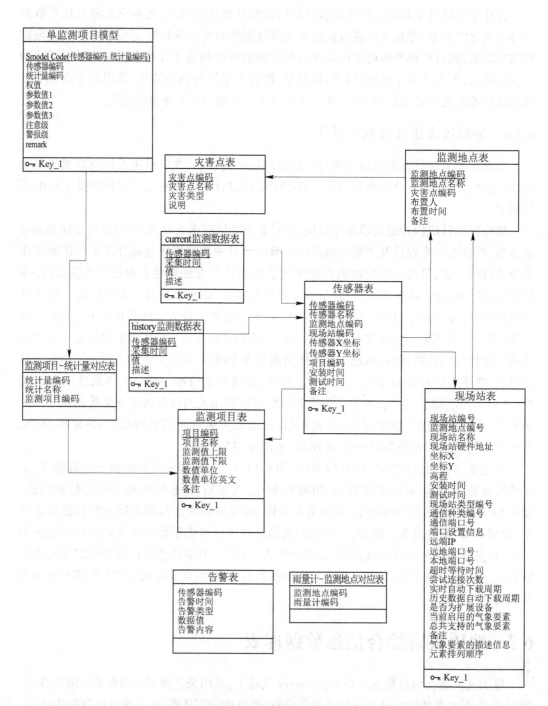

图 6-12　地质灾害监测信息数据库 E-R 模型

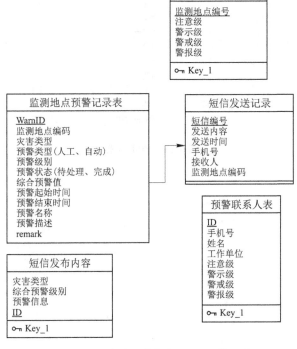

图 6-13　地质灾害预警数据库 E-R 模型关系

	SENSOR_CODE	SENSOR_NAME	POINT_CODE	FAC_CODE	SENSOR_X	SENSOR_Y	ITEM_CODE	INSTALL_DATE	TEST_DATE	DESCRIPTION
1	JCD01_XCZ01_IN01	1号测斜仪	JCD01	JCD01_XCZ01	NULL	NULL	WY_IN	NULL	NULL	NULL
2	JCD01_XCZ01_IN02	2号测斜仪	JCD01	JCD01_XCZ01	NULL	NULL	WY_IN	NULL	NULL	NULL
3	JCD01_XCZ01_IN03	3号测斜仪	JCD01	JCD01_XCZ01	NULL	NULL	WY_IN	NULL	NULL	NULL
4	JCD01_XCZ01_IN04	4号测斜仪	JCD01	JCD01_XCZ01	NULL	NULL	WY_IN	NULL	NULL	NULL
5	JCD01_XCZ01_IN05	5号测斜仪	JCD01	JCD01_XCZ01	NULL	NULL	WY_IN	NULL	NULL	NULL
6	JCD01_XCZ01_P01	1号渗压计	JCD01	JCD01_XCZ01	NULL	NULL	SW_P	NULL	NULL	NULL
7	JCD02_XCZ01_AT01	1号温度计	JCD02	JCD02_XCZ01	NULL	NULL	QW_AT	NULL	NULL	NULL
8	JCD02_XCZ01_IN01	1号测斜仪	JCD02	JCD02_XCZ01	NULL	NULL	WY_IN	NULL	NULL	NULL
9	JCD02_XCZ01_IN02	2号测斜仪	JCD02	JCD02_XCZ01	NULL	NULL	WY_IN	NULL	NULL	NULL
10	JCD02_XCZ01_IN03	3号测斜仪	JCD02	JCD02_XCZ01	NULL	NULL	WY_IN	NULL	NULL	NULL
11	JCD02_XCZ01_IN04	4号测斜仪	JCD02	JCD02_XCZ01	NULL	NULL	WY_IN	NULL	NULL	NULL
12	JCD02_XCZ01_IN05	5号测斜仪	JCD02	JCD02_XCZ01	NULL	NULL	WY_IN	NULL	NULL	NULL
13	JCD02_XCZ01_P01	1号渗压计	JCD02	JCD02_XCZ01	NULL	NULL	SW_P	NULL	NULL	NULL
14	JCD02_XCZ01_P02	2号渗压计	JCD02	JCD02_XCZ01	NULL	NULL	SW_P	NULL	NULL	NULL
15	JCD02_XCZ01_RA01	1号雨量计	JCD02	JCD02_XCZ01	NULL	NULL	YL_RA	NULL	NULL	NULL
16	JCD03_XCZ01_AT01	1号温度计	JCD03	JCD03_XCZ01	NULL	NULL	QW_AT	NULL	NULL	NULL
17	JCD03_XCZ01_IN01	1号测斜仪	JCD03	JCD03_XCZ01	NULL	NULL	WY_IN	NULL	NULL	NULL
18	JCD03_XCZ01_IN02	2号测斜仪	JCD03	JCD03_XCZ01	NULL	NULL	WY_IN	NULL	NULL	NULL
19	JCD03_XCZ01_IN03	3号测斜仪	JCD03	JCD03_XCZ01	NULL	NULL	WY_IN	NULL	NULL	NULL
20	JCD03_XCZ01_IN04	4号测斜仪	JCD03	JCD03_XCZ01	NULL	NULL	WY_IN	NULL	NULL	NULL
21	JCD03_XCZ01_IN05	5号测斜仪	JCD03	JCD03_XCZ01	NULL	NULL	WY_IN	NULL	NULL	NULL
22	JCD03_XCZ01_IN06	6号测斜仪	JCD03	JCD03_XCZ01	NULL	NULL	WY_IN	NULL	NULL	NULL
23	JCD03_XCZ01_P01	1号渗压计	JCD03	JCD03_XCZ01	NULL	NULL	SW_P	NULL	NULL	NULL
24	JCD03_XCZ01_P02	2号渗压计	JCD03	JCD03_XCZ01	NULL	NULL	SW_P	NULL	NULL	NULL
25	JCD03_XCZ01_RA01	1号雨量计	JCD03	JCD03_XCZ01	NULL	NULL	YL_RA	NULL	NULL	NULL
26	JCD04_XCZ01_IN01	1号测斜仪	JCD04	JCD04_XCZ01	NULL	NULL	WY_IN	NULL	NULL	NULL
27	JCD04_XCZ01_IN02	2号测斜仪	JCD04	JCD04_XCZ01	NULL	NULL	WY_IN	NULL	NULL	NULL
28	JCD04_XCZ01_IN03	3号测斜仪	JCD04	JCD04_XCZ01	NULL	NULL	WY_IN	NULL	NULL	NULL
29	JCD04_XCZ01_IN04	4号测斜仪	JCD04	JCD04_XCZ01	NULL	NULL	WY_IN	NULL	NULL	NULL

图 6-14　自动观测站传感器表

	ITEM_CODE	ITEM_NAME	ITEM_CAPS	ITEM_LIMIT	ITEM_UNIT	ITEM_E_UNIT	ITEM_RESOLUTION	DESCRIPTION
1	GW_T	钢温	100	-50	摄氏度	C	1	NULL
2	LX_SG	拉线	2000	0	毫米	mm	1	NULL
3	QW_AT	温度	100	-50	摄氏度	C	0.1	
4	SF_CW	水分	100	0	百分比	%	0.1	NULL
5	SW_P	水位	1000	0	米	m	0.1	
6	TW_GT	土温	80	-20	摄氏度	C	0.1	NULL
7	WY_IN	位移	300	0	毫米	mm	0.1	NULL
8	YL_R	应力	300	-100	兆帕	Mpa	0.1	
9	YL_RA	雨量	4	0	毫米每分钟	mm/min	0.2	NULL

图 6-15　监测项表

第 7 章　系统安全与权限设计

7.1　系统安全设计

开发方对系统中涉及的保密内容要有保密措施。涉密数据进行保密管理,以防止数据的泄露。常用的保密技术包括:

(1)物理保密。利用各种物理方法,如限制、隔离、掩蔽、控制等措施,保护信息不被泄露。

(2)防窃听。使对手侦收不到有用的信息。

(3)防辐射。防止有用信息以各种途径辐射出去。

(4)信息加密。在密钥的控制下,用加密算法对信息进行加密处理。即使对手得到了加密后的信息,也会因为没有密钥而无法读懂有效信息。

编写需要加密功能的应用程序,通常需要加密由应用程序创建和维护的数据以及配置信息。另外,还需要对用于访问应用程序功能或数据的密码进行哈希运算。

7.2　系统权限设计

本系统权限由高到低依次设置为管理员、决策用户、监测点用户,普通用户,见图 7-1。其中监测点用户的范围局限于监测点的工作人员,其工作内容主要是浏览基础地理信息数据,整理、统计与分析监测站点监测数据,监测设备是否正常工作,监测指标是否超标,并将报表上报;决策用户的工作任务主要是接收监测站点的各类数据及统计分析报表,根据预警模型对监测的危险区域预警,并发布监测及预警信息;管理员具有最高级别,拥有使用系统所有功能的权限,主要负责新增和删除用户,分配用户权限。

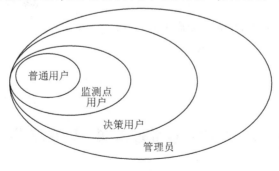

图 7-1　系统权限

第 8 章　数据采集传输系统应用

　　黄河勘测规划设计研究院有限公司开发研究的地质灾害监测预警信息化技术在丹江口水库地质灾害防治工程、宝泉观光电梯、黄藏寺水利枢纽工程中均有涉及。针对水库库区地质灾害监测预警的应用仅涉及南水北调中线工程丹江口水库地质灾害防治工程,本章以丹江口水库地质灾害防治工程(河南省)监测预警项目为实例,阐述地质灾害监测预警信息化技术在实际工程中的应用。

8.1　数据采集和传输

　　丹江口水库地质灾害监测数据采集和传输选用了武汉新普惠公司生产的 PH-CJ0 常规数据采集仪。该采集仪是一款集气象数据、测斜仪传感器数据、渗压计传感器数据、拉线位移计数据的采集、存储、传输和管理于一体的数据采集仪器。人性化的人机界面接口操作简单可靠;内置大容量存储器,可存储一年以上的各种数据,并具有掉电数据保存功能。数据接收系统采用了该公司的气象中心软件,气象软件安装于固定服务器或云服务器上,可以实时地监测、下载、存储实时及历史数据,并可通过电脑查询,分析气象站传递的数据。

8.2　运行与安装

　　数据接收软件的安装方法非常简单,将安装包拷贝至服务器后,双击"setup"进行运行解压缩之后,看到如图 8-1 所示界面,点击"下一步",出现如图 8-2 界面。

图 8-1

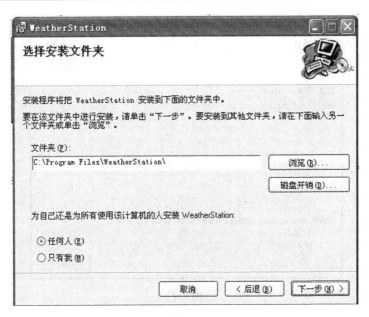

图 8-2

根据自己的喜好可以更改软件安装的路径,这里选择默认安装,点击"下一步",出现如图 8-3 所示界面。

图 8-3

继续点击"下一步"安装,出现如图 8-4 所示界面。

点击"完成",在桌面上会出现如图 8-5 所示图标,这就是自动气象站的桌面快捷方式,如想运行此软件,直接双击,即可进入软件界面。此时,自动气象站软件已经安装完成了。

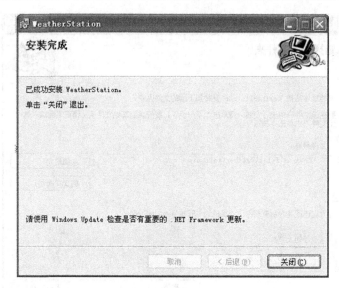

图 8-4

图 8-5

8.3　数据接收系统登录

双击气象站软件的快捷方式,启动软件,会出现如图 8-6 所示对话框;点击"登录"就会进入软件界面(见图 8-7)。

图 8-6

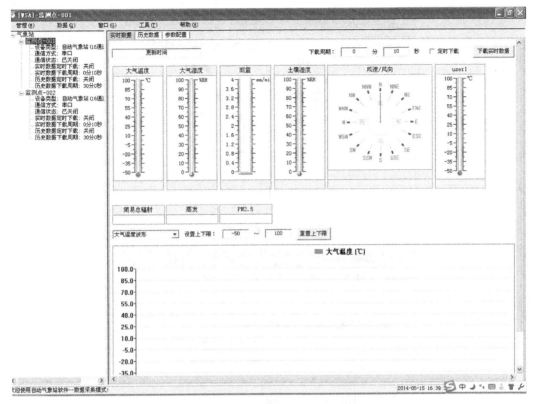

图 8-7

8.4 设备配置修改方法

软件安装完后,软件为默认设置。由于每个客户所使用的配置不一,因此需要根据所使用的采集仪硬件类型来设置软件,只有软件设置与硬件设置一致,才能够正常与采集仪进行通信。

软件配置有两种方法,一种是直接在软件上修改相关设置,另一种则是从配置文件中直接载入设置。前一种方法设置起来较为烦琐,适合专门的调试人员使用,后一种方法较为简单,适合客户使用,下面介绍后一种方法。

8.4.1 文件导入方法

在软件界面左侧"管理"中,选择"设备配置",弹出设备配置窗口,见图 8-8。

在配套的软件文件夹中,会配有与软件配套的配置文件,点击进入"配置文件"页面(见图 8-9),点击"载入配置文件"按钮。

根据相应的文件路径,选择一个配置文件,然后点击"打开"按钮(见图 8-10),配置文件就导入成功了。

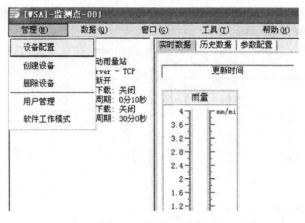

图 8-8

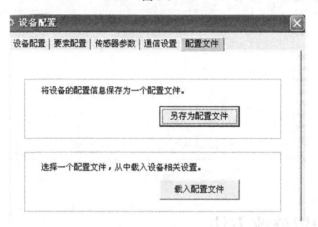

图 8-9

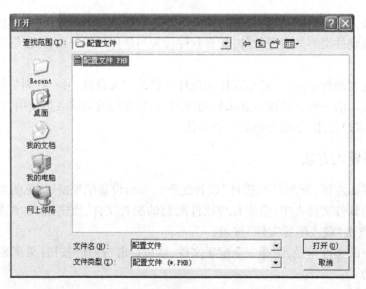

图 8-10

8.4.2　修改设备配置

　　由于每个客户实际情况不一样,通信方式选择也不一样,因此需要修改一些基本配置。打开"设备配置"窗口,如图 8-11 所示。

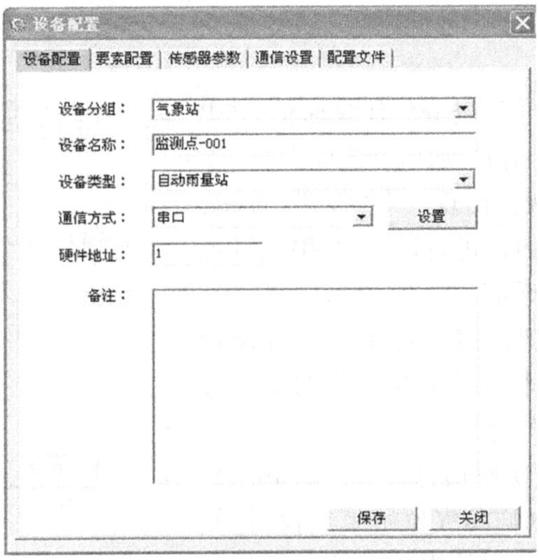

图 8-11

　　(1)设备分组是根据自己的实际需求,自己命名的,以方便区分。

　　(2)设备名称根据自己的需要,任意进行命名。

　　(3)设备类型在导入配置文件时已确定,之后不能随意更改;若有更改,更改后需重新导入。

　　(4)通信方式是根据用户的实际情况来选择的。

8.4.3　硬件地址

　　软件上的硬件地址需与下位机的本机地址保持一致,并且下位机的通信协议需设置成"XPH"协议才可实现正常的通信,下位机设置步骤如下:首先翻到设置界面,选择"通讯设置"(注:界面中"通讯"应为"通信",下同);

版本信息	时间设置
其他设置	通讯设置
参数复位	时间间隔
语言设置	数据保存

　　选择"串口地址";

串口地址	TCP/IP 地址

　　把本机地址与上位机软件中设置的一样,默认时,设置的是"1"。

本机地址	【1】
通讯协议	【XPH】

8.4.4　通信方式的调试

气象站软件中有齐全的通信方式设置,可满足客户不同的通信需求,软件中主要分为串口(RS232/RS485/USB/Zigbee)、Client-TCP(以太网/Wi-Fi 模块)、Server-TCP(GPRS 模块)等通信方式。

8.4.4.1　串口通信

使用 RS232 有线通信、RS485 有线通信、USB 通信、Zigbee 模块无线通信时,通信方式应选择"串口",选择之后,在其后就会出现一个"设置"按钮,这个设置按钮是对串口通信进行设置的,串口设置中设置正确了才可正常通信。

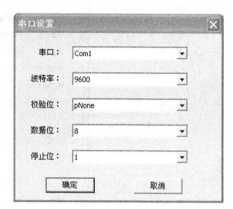

图 8-12

使用串口通信方式时,需要对串口进行设置(见图 8-12),软件中的串口号要与电脑的串口号对应起来才可实现正常的通信。

如果要在电脑上实现通信,则需一根 RS232/RS485 的连接线,连接电脑和气象站采集仪,把气象站采集仪打开,查看其中的本机地址和通信方式,与电脑上设置成一致即可。

如果用 USB(选配)连接线来实现通信,则需要安装驱动,连接好之后电脑上会出现相应的对话框,直接默认点击,安装好了驱动就实现了连接。

在电脑上查看串口号,用鼠标反键单击"我的电脑",点击"设备管理器",出现如图 8-13 所示界面。

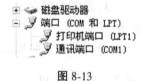

图 8-13

在"通讯端口(COM1)"这一栏,可查看到,连接是 COM1 端口,那么,在弹出的串口设置窗口中,串口选择"COM1",其他的不做任何更改,点击"确定","保存",点击设备配置右上角的"×",退出设备配置界面,此时气象站采集仪就已经和电脑实现了连接,可回到主页面进行相关数据的下载。

8.4.4.2　网络设置窗口

使用 GPRS 模块通信时,通信方式选择 Server-TCP(见图 8-14);使用以太网模块、Wi-Fi 模块进行通信时,通信方式选择 Client-TCP(见图 8-15),选择之后,在其后就会出现一个"设置"按钮,这个按钮就是对相应通信的网络进行设置的。

8.4.5　要素配置

要素配置中的相应数据,在导入配置文件的时候已经确定了,不需要做任何更改,如果不小心对里面的相应参数做了修改,则上位机软件与下位机就不是配套的了,将会无法使用,若想恢复,则需要重新导入配置文件。要素配置窗口如图 8-16 所示。

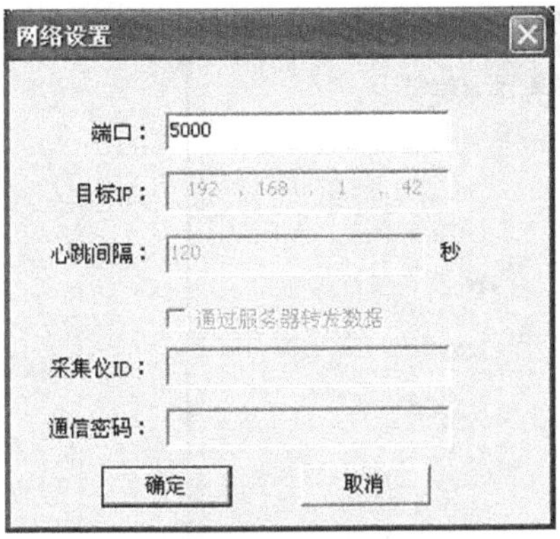

图 8-14　　　　　　　　　　　图 8-15

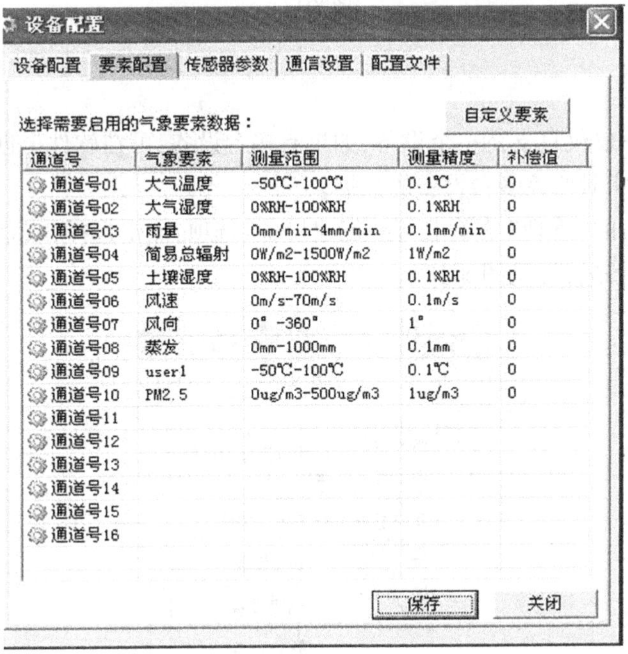

图 8-16

8.4.6　通信设置

通信设置窗口如图 8-17 所示。

超时等待:数据返回时的缓冲时间。时间越长,就证明缓冲的时间越充足,数据返回的概率就越大。

连接次数:在超时等待的时间内,软件连接数据传输的次数。连接的次数越多,表明数据返回的概率越大。

超时时间与连接次数并不是越大越好,默认情况下,等待时间设置为 10 秒,连接次数设置为 3 次,在这种情况下,数据基本上都会返回;如果遇到数据一直无法返回的状况,则需检查其他方面的问题。

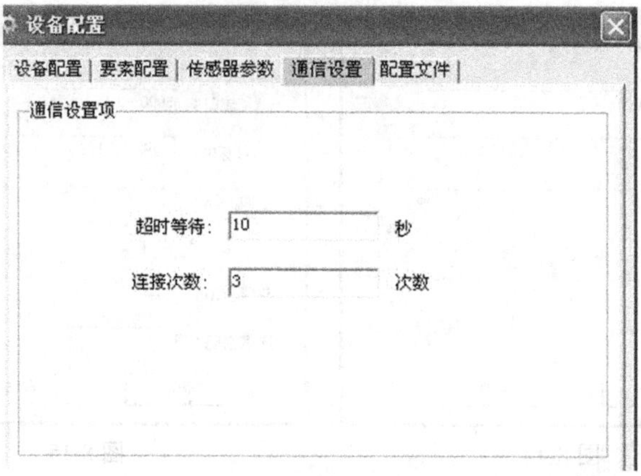

图 8-17

8.4.7　创建设备

气象站软件不仅仅只支持一个设备,如果有多台设备,可在软件上创建多个不同的新设备,用一个软件实时监控多台设备的数据。

在软件左上角的"管理"菜单中,有"创建设备"选项,点击选择,或者是光标放在监测点处右击,选择设备配置(见图 8-18)。

图 8-18

设备名称最好不要与之前名称冲突,分组客户可以自己创建一个或者选择之前的组(见图 8-19)。

8.4.8　删除设备

删除设备的方法较为简单,直接用鼠标点击,选中相应的设备,然后点击"管理"—"删除设备",就可以删除选定的设备了;或者是右击选择"删除设备"。

图 8-19

8.5 数据的下载功能

所有的参数设置好了之后,就可以下载相应的气象数据了,气象站软件分为实时数据的下载和历史数据的下载,如图 8-20、图 8-21 所示。

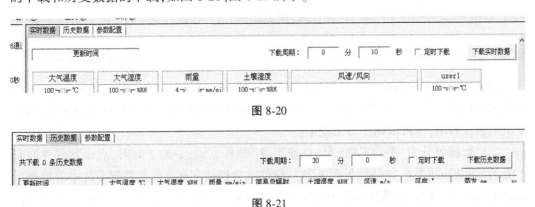

图 8-20

图 8-21

8.5.1 实时数据

实时数据是在上位机打开的情况下,实时下载回来的数据,重点是实时性,如图 8-20所示,在"实时数据"下载界面,各要素采集的数据会清晰自然地显示在界面之上,主界面下方有各个要素相应的波形,方便用户观测。

实时数据可分为"手动下载"和"自动下载"两种方式。手动下载时,点击软件界面右上方的"下载实时数据"按钮,就会返回一条数据,同时在软件的左下方显示"下载完毕"

的字样。

　　自动下载需要设置好下载周期,点击"保存"按钮,再把"定时下载"前的绿色小钩勾上,软件就会按照设定的周期自动下载数据,数据返回成功后,在软件的左下方同时会显示"下载完毕"的字样。

　　在软件主界面下方,有波形变化曲线,设备中有哪些要素,波形变化下拉菜单中就会有相应要素的选择;用户可根据自己的需要对上下限进行设置,设置好之后点击"重置上下线";在自动下载数据的情况下,就可以在界面上看到相应波形的变化曲线(见图8-22)。

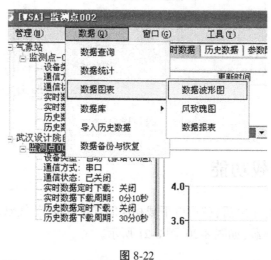

图 8-22

8.5.2　历史数据

　　历史数据是下位机按照数据存储间隔存储的数据,此数据存在下位机的储存芯片中,利用上位机的历史数据下载功能,可以把储存在芯片中的数据搬移到软件数据库中,只要下位机保证有电,就可以储存历史数据。

　　历史数据可分为"手动下载"和"自动下载"两种方式;手动下载时,点击软件界面右上方的"下载历史数据"按钮(见图8-23),软件就会把储存在下位机数据芯片中的数据下载过来,下载完成后,在软件的左下方显示历史数据"下载完毕"的字样,同时记录在下位机芯片中的这部分数据就清空了。

　　历史数据的自动下载,与实时数据的自动下载设置方法一样。

　　这里需要注意的是:在下位机中有个数据保存时间,这个时间指的是下位机会按照这个时间间隔来存储数据;上位机中历史数据的定时下载指的是按照所设定的时间,从下位机中提取记录的数据。

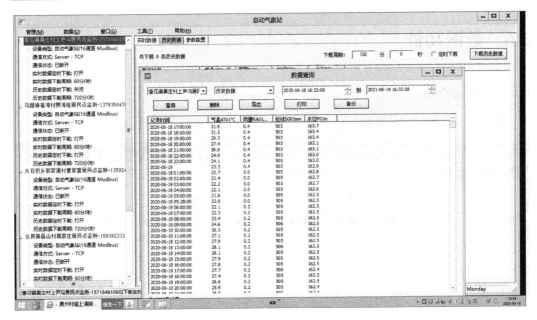

图 8-23

8.5.3　采集仪参数设置

气象站软件可提供采集仪参数设置的功能,如图 8-24 所示。

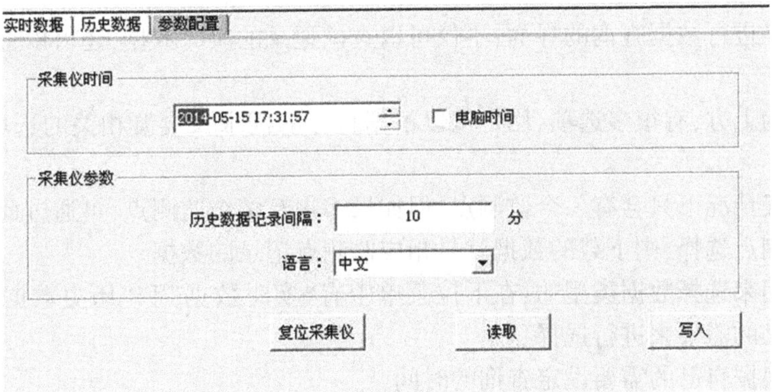

图 8-24

在软件界面点击"读取"按钮,可读取下位机当前的参数配置,同时也可对下位机的"时间""历史数据记录间隔""语言设置"做相应的配置。

时间的设置可以自己手动设置,也可直接利用电脑的时间,勾选住"电脑时间"前的绿色小钩,就与电脑时间同步了。

"历史数据记录间隔"和"语言设置",用户可根据自己的需要进行相应的配置,点击"写入"按钮,就可把新设置的参数写入到下位机中,写入成功时,会弹出设置成功的小对话框。

点击软件界面的"复位采集仪"可对采集仪的参数进行复位操作,复位之后采集仪的参数都会变为默认值。

8.6　数据功能

8.6.1　数据查询

在软件左上角点击"数据"—"数据查询",出现如图 8-25 所示界面。

图 8-25

此界面是进行数据查询的界面,不仅可以查询记录的实时数据,还可以查询记录的历史数据。

在界面的上方,有很多选项,用户可以根据自己的需求来设置相关的选项,以查询到相应的数据。

此处一般情况下只会有一个监测点,但如果客户有多个监测点,可通过此处的下拉菜单来进行监测点选择,则下载的数据就是相应监测点记录的数据。

此处是用来选择数据类型的,在下拉菜单中有"实时数据"和"历史数据"的选项,用户可根据自己的需要来进行选择。

此处可根据自己的需要设定查询的时间。

按照自身的需求设定好查询的相关要素,点击"查询"按钮,软件就会查询到相应的数据,如图 8-26 所示。

查询出来的数据,可以进行"删除""导出""打印""备份""清除时间重复数据"等操作。

删除:查询出相应的数据,点击"删除"按钮,就可以把查询出来的数据给删除掉。

导出:点击"导出"按钮,出现以下对话框,客户可根据自身的需要把数据保存起来,如图 8-27 所示。

打印:用户的电脑需接上打印机,才能打印相关的数据。

备份:可对查询出来的数据进行备份的处理,备份的格式为"PHB"格式,操作方法与备份数据的操作方法一样,如图 8-28 所示。

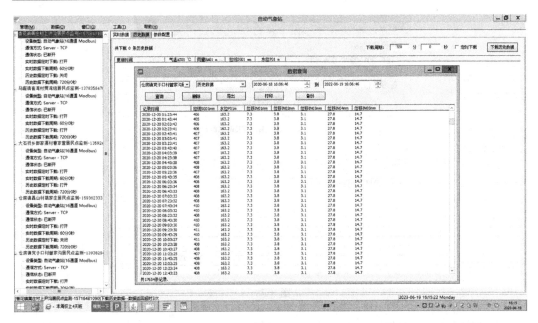

图 8-26

图 8-27

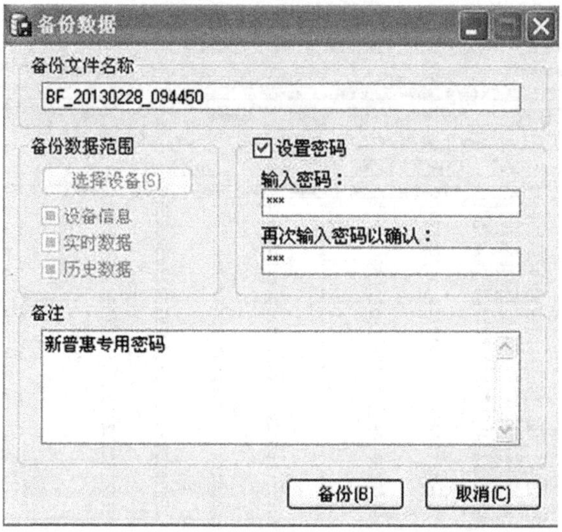

图 8-28

8.6.2　数据备份/恢复

　　考虑到用户会遇到电脑需要重新更换系统,或者需要重新卸载软件,或者需要把软件更换一台电脑的情况,此时就涉及数据备份和保存的问题,气象站软件以其人性化的设计提供数据备份和恢复的功能。

　　气象站软件备份和恢复的文件为"BPH"格式,即气象站软件备份成的数据文件格式为"BPH"格式,恢复数据时,也必须是"BPH"格式的数据文件才能被成功地恢复。

　　数据备份:点击软件左上角"数据"—"数据备份与恢复",出现如图 8-29 所示界面。

图 8-29

8.6.3　数据统计

　　在软件左上角点击"数据"—"数据统计",出现如图 8-30 所示界面。

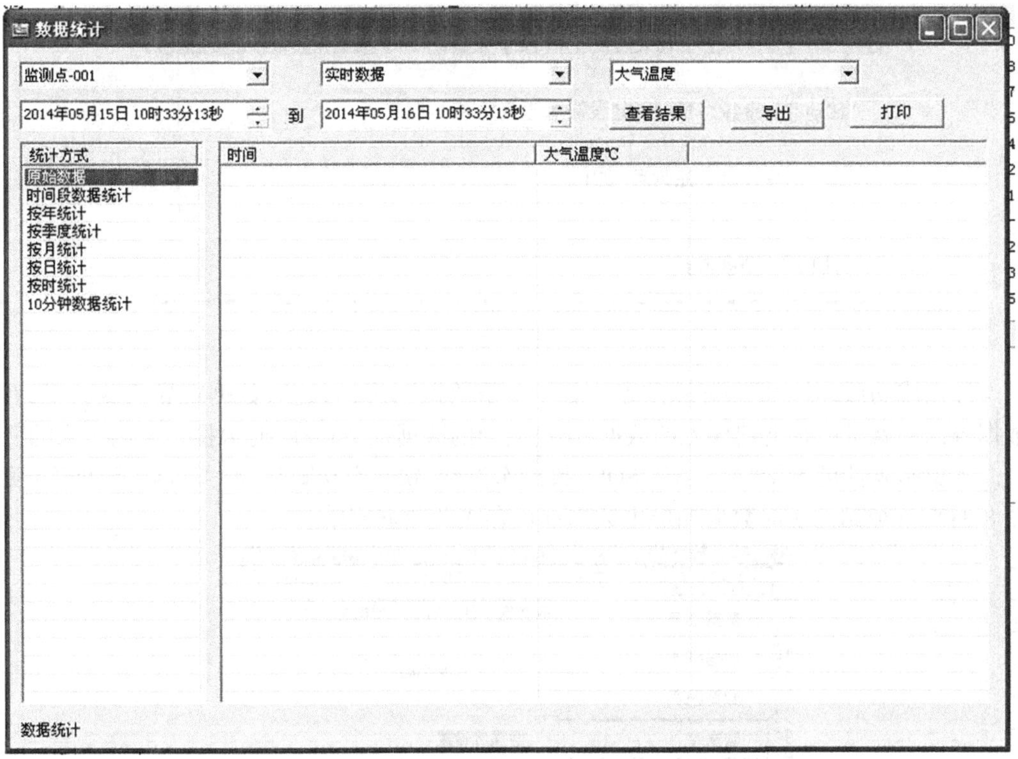

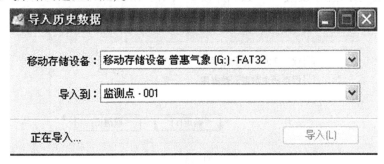

图 8-30

客户可根据自己的需求设定相应的选项。

8.6.4　导入历史数据

在软件左上角点击"数据"—"导入历史数据",出现如图 8-31 所示对话框。这种功能适用于采集仪用 U 盘存储数据,此处是将 U 盘里的数据导入到气象站软件中(用 U 盘存储数据是气象站的选配功能)。

图 8-31

在相应的下拉菜单中选择好选项,点击"导入",出现如图 8-32 所示界面。

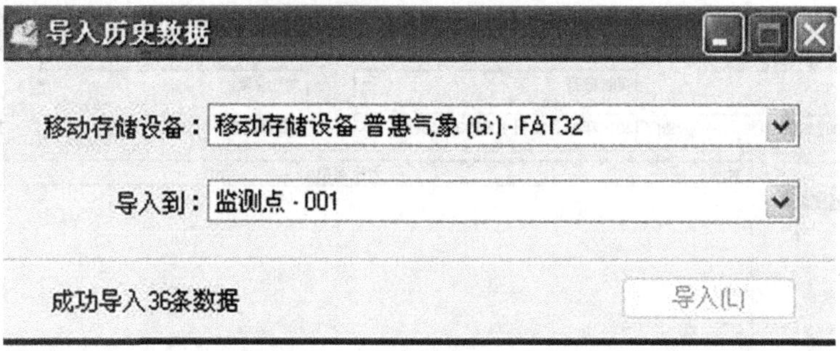

图 8-32

导入成功后,对话框会显示"成功导入××条数据",退出,这时数据就导入成功了,在数据查询中就可以查询到导入的数据,U 盘当中的数据依然存在,此数据是复制过来的。

气象站软件可支持"Access""SQL"数据库类型,软件本身默认为"Access"数据库(见图 8-33),气象站的实时数据和历史数据都可存入此数据库中。

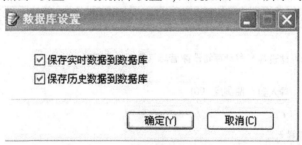

图 8-33

8.6.5　数据库设置

在软件最左方点击"设置"—"数据库设置",出现如图 8-34 所示对话框。

图 8-34

气象站软件可以保存实时数据和历史数据,可以根据自己的需要选择要保存的数据类型,一般情况下"实时数据"和"历史数据"都需要保存,勾选方框里的绿色小钩即可选定。

8.6.6　数据库选择

如用户需要把数据存入到指定的数据库中,气象站软件也可实现,目前气象站软件除了本身的 Access 数据库,还支持 Microsoft SQL Server 2000、Microsoft SQL Server 2005、Microsoft SQL Server 2008 数据库。

若想连接指定的数据库,这里以 Microsoft SQL Server 2008 数据库为例来进行说明,操作方法如下:

首先确保 Microsoft SQL Server 2008 数据库已经安装,安装成功后,在软件界面左上方点击"设置"—"数据库选择"—"Microsoft SQL Server 2008",出现如图 8-35 所示界面。

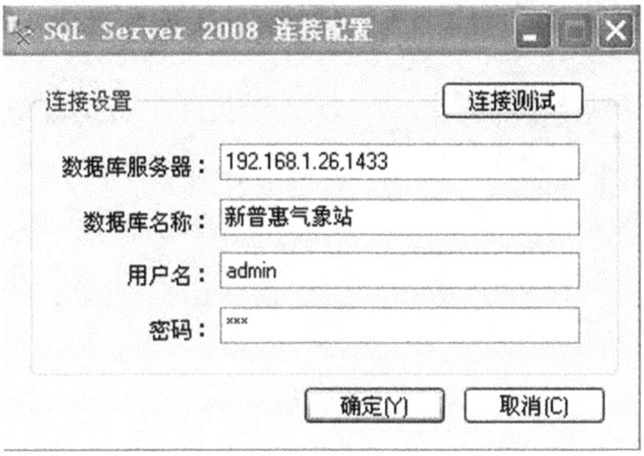

图 8-35

填写好相应的"数据库服务器""数据库名称""用户名""密码",点击"连接测试"按钮,连接成功后点击"确定",系统会提示重新启动软件,按照要求重启软件,重启成功后,数据库连接就成功了。

注意:数据库服务器这一项填写时,如果气象站软件和数据库在同一台电脑上,则需要填写此台电脑的 IP 地址和相应的电脑端口号,中间用逗号隔开;如果气象站软件和数据库不在同一台电脑上,则"数据库服务器"这一栏应该填写装数据库电脑的 IP 地址和端口号。

8.7　窗口功能

在软件左上方"窗口"功能中,有"打开地图窗口"和"关闭地图窗口"的功能,当打开地图窗口时,出现如图 8-36 所示界面。

界面中出现的是一张地图,可以显示用户气象站安装的位置。

替换背景图片:气象站软件的背景图片默认为是局部世界地图,如果需要显示某个省或者某个市的背景图,只需要滑动鼠标滚轮进行放大或者缩小。

显示说明/显示标记:勾选和消除此项小钩,此处的红色标记点和文字就会显现和消失,用户可根据自己的需要来进行设定。

风速风向:勾选住此项小钩,则在地图上就会显示风吹动的指向,如图 8-37 所示,风向是以带点的地方为起点来指向的。

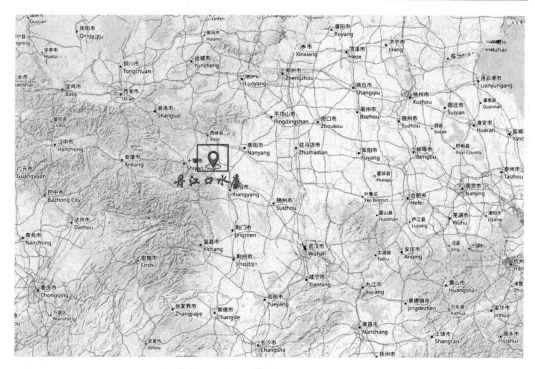

图 8-36

图 8-37

8.8　工　具

点击"工具"菜单,显示如图 8-38 所示界面。

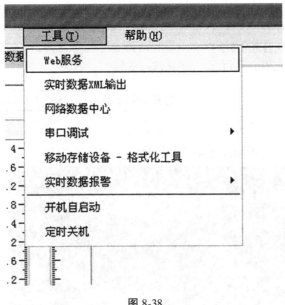

图 8-38

8.8.1　Web 服务

使用此项功能可以通过网页浏览气象站软件下载的实时数据和历史数据,做到了没有安装气象站软件也可以浏览数据,通过浏览地址浏览数据,方便快捷,更加人性化。

只有确认电脑中安装了 IIS 服务器,才能够使用此项功能;如果未安装,必须先安装后才能使用。

点击"工具"—"Web 服务",出现如图 8-39 所示界面。

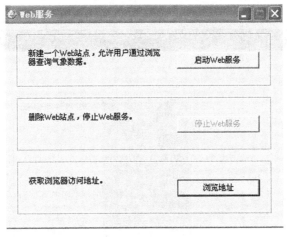

图 8-39

点击"启动 Web 服务",出现如图 8-40 所示界面。

图 8-40

点击"打开连接",出现如图 8-41 所示界面。

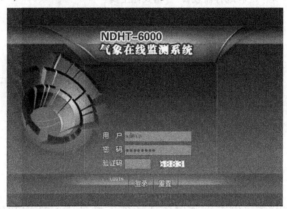

图 8-41

输入用户名和密码,再输入验证码点击"登录",弹出如图 8-42 所示界面。

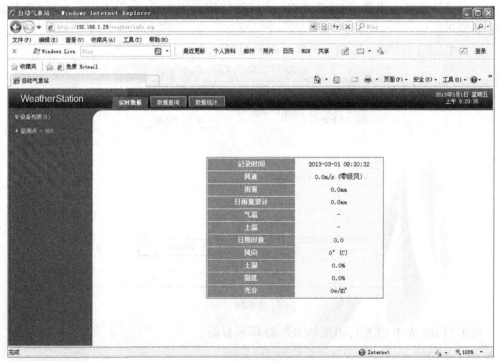

图 8-42

　　网页界面上提供"实时数据""数据查询""数据统计"的功能,用户可根据自身的需求查询、统计相关的数据(见图8-43)。

图 8-43

　　注意:

　　(1)在软件中启动 Web 服务后,下一次登录时只需点击"浏览地址"—"打开连接"即可登录网页数据查询界面;在其他的电脑上只需输入链接地址就可登录到数据查询网页。

　　(2)在网页上查看实时数据时,必须保证气象站软件开启了,并且在正常下载实时数据,网页上才会实时地刷新;查询数据和统计数据时调用的是数据库里面的数据,软件不需要开启,但是装数据库的那台服务器必须开启,才能实现数据的查询和统计。

8.8.2　网络数据中心

　　此项功能是用来检测网络数据的通断情况的,这是方便测试人员进行测试的,用户一般不需要用到。

8.8.3　串口调试

　　此项功能是用来检测串口数据通断情况的,点击"工具"—"串口调试",出现如图8-44所示界面。

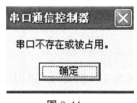

图 8-44

　　点击"确定",出现如图8-45所示界面。

　　这时串口是被占用的状态,需要退出气象站软件,点击"重置串口",显示灯变为绿色,证明电脑此时的串口是通的,出现如图8-46所示图片。

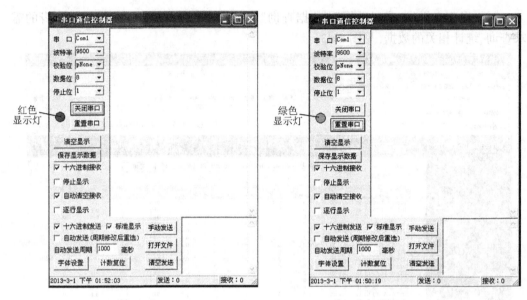

图 8-45　　　　　　　　　　　　　　图 8-46

PH 自动气象站检测串口通信通断情况的命令为"01 03 00 00 F1 D8",如果通信是断的,则没有数据返回;如果通信是通畅的,则会返回数据,如图 8-47 所示。

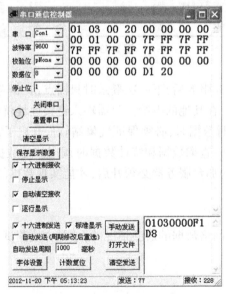

图 8-47

8.8.4　移动存储设备-格式化工具

此项功能主要针对的是 U 盘的使用功能,使用方法如下。

8.8.4.1　软件上的初始化

(1)选择一款清华紫光的 U 盘(有的 U 盘不能够正常使用)。

（2）将 U 盘插入电脑。

（3）打开气象站软件，点击"工具"—"移动存储设备-格式化工具"，如图 8-48 所示。

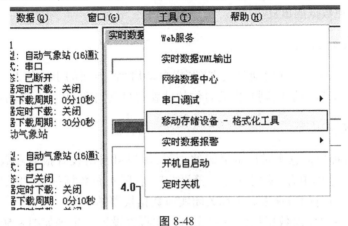

图 8-48

（4）在打开的对话框中选中所插入的 U 盘符合，勾选"格式化磁盘"和"创建系统文件"（默认勾选）。

（5）点击"系统格式化工具"，"文件系统"要选择"FAT32"，点击"开始"进行格式化。

（6）格式化磁盘完成后点击"执行操作"，等操作完成，拔出 U 盘。

8.8.4.2　采集仪初始化设置

出厂时已设置正确，客户一般情况下不需要配置。

（1）选择数据保存。

（2）选择存储介质为 U 盘。

8.8.4.3　数据存储到 U 盘

（1）将设置好的 U 盘插入采集仪中，页 3 会显示存储介质的状态。

如果显示断开，表明 U 盘还未插入到采集仪中去或 U 盘不配套该产品。

如果显示 U 盘连接，则表示插入 U 盘成功。

（2）出现了如图 8-49 所示界面，表示 U 盘正在工作；当出现保存缓存到 U 盘后，表示数据写入到了 U 盘中去。

图 8-49

将 U 盘中的数据导入到软件中的方法在之前已做说明。

注意：

（1）用 U 盘存储数据的功能是气象站的选配功能。

（2）将 U 盘插入到电脑，把数据导入电脑，这时是将 U 盘中的数据复制到电脑中，U

盘中的数据依然存在,如果不把 U 盘中的数据清空的话,下一次用 U 盘导数据的时候又会把之前的数据再导入一次,这样数据导入就重复了,因此建议导完数据后就把 U 盘中的数据清空,避免数据的重复。

8.8.5　开机自动启动

在"工具"—"开机自动启动"处,把"开机自动启动"前面的小钩勾上,并在系统登录界面,把"自动登录"勾选住,则开机的时候软件就会自动启动,并且会自动登录上。

8.8.6　实时数据报警

气象站软件提供信息实时显示报警的功能,用户可自由设置报警参数;在"工具"—"实时数据报警"菜单中有"实时数据报警设置""启用实时数据报警""关闭实时数据报警",用户可根据自身的需求来启用和关闭实时数据报警的功能。

点击"管理"—"实时数据报警"—"实时数据报警设置",出现如图 8-50 所示界面。

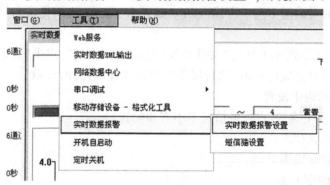

图 8-50

点击"实时数据报警设置"界面左下角的"添加报警",会出现软件中所有的气象要素,用户根据自己的需要,可以添加一个或多个,也可以根据自身的需要删除相应的报警项。

在"已添加的报警项"中点击相应的气象要素,出现如图 8-51 所示界面。

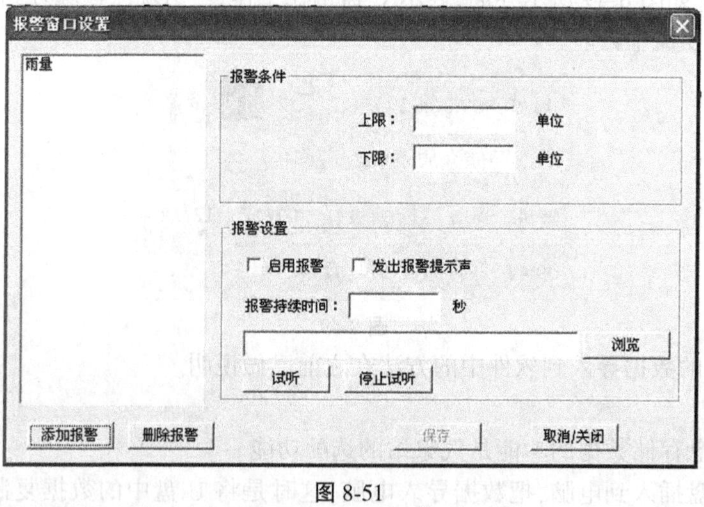

图 8-51

用户可以根据自身的需求来设置"温度报警条件",是否启用报警、发出报警提示音,同时可设置报警提示音持续的时间。

报警的提示音可以根据自己的喜好来设置,通过"浏览"按钮可以选择相应的报警提示音。需要说明的是,此报警提示音必须是 MP3 格式的才可以使用。

8.8.7　软件工作模式

气象站软件可设置相应的工作模式,在不同的工作模式中有不同的权限,点击"管理"—"软件工作模式",出现如图 8-52 所示界面。

图 8-52

气象站软件分为"数据采集模式""主机模式""客户端模式"三种模式。

数据采集模式:只能支持一台上位机软件与下位机实现数据通信。

主机模式:不仅能支持与下位机实现数据通信,而且可以把采集来的数据转发到相应的客户端模式的电脑上。

客户端模式:只能从主机接收相应的数据,起到数据显示的作用。

注意:(1)如果只有一台电脑做服务器,不需要把数据转发到其他的设备上,则软件工作模式设置为"数据采集模式"和"主机模式"都可以正常地工作。

(2)如果需要把数据转发到其他的设备上,则与下位机相连,采集数据的那台电脑是主服务器,必须设置为"主机模式",其他的设备则需设置为客户端模式。

(3)客户端的 IP 和端口都必须与主机的 IP 和端口一样,才可正常实现通信。

(4)如果主机模式用的是软件本身的 Access 数据库的话,在客户端模式下是无法进行数据查询的,如果主机装有相应的数据库,则在客户端模式下可以进行数据的查询,这时查询的数据就是数据库里面的数据。

第 9 章　预警平台应用实例

9.1　平台界面

9.1.1　用户登录界面

系统主要考虑面向内部人员和系统管理员,两类用户的账号和密码由系统管理员分配。系统的用户登录界面如图 9-1 所示。

图 9-1　系统的用户登录界面

9.1.2　系统主界面

系统主界面如图 9-2 所示。

主界面由采用功能导航条加左右两栏布局。上方为功能导航按钮,左侧为业务菜单列表,右侧为内容项。系统按照导航按钮分为 6 个区域(三维地理信息、地质灾害信息、地质灾害监测信息、群测群防、预警分析、系统管理)。

图 9-2　系统主界面

9.2　系统操作

9.2.1　登录操作

输入用户名和密码,鼠标左击"登录"按钮或单击键盘回车键进行登录,如图 9-3 所示。

图 9-3　系统登录

成功登录后,页面会自动跳转至主界面,如图 9-2 所示。

9.2.2　三维地理信息

三维地理信息功能为展示三维地图和对地图的操作。左侧为功能菜单列表,右侧为三维地图。如图 9-2 所示。

9.2.2.1　POI 控制操作

勾选列表中任意列控制对应地图上的 POI 显示/隐藏,鼠标点击列表中任意列的文字,地图上定位到该 POI 的位置,如图 9-4 所示。

9.2.2.2　监控点操作

鼠标单击监测点,打开监测点功能列表,勾选列表中任意列控制对应地图上的监控点显示/隐藏,鼠标双击列表中任意列的文字,地图上定位到该监控点的位置,如图 9-5 所示。

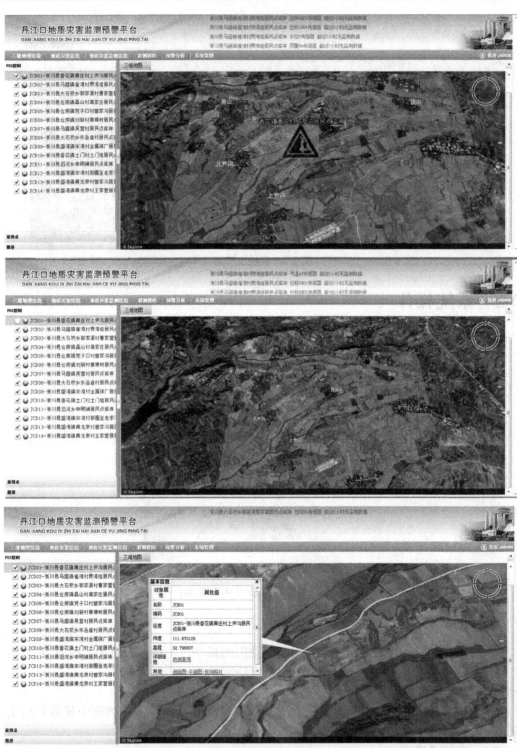

图 9-4　POI 控制操作

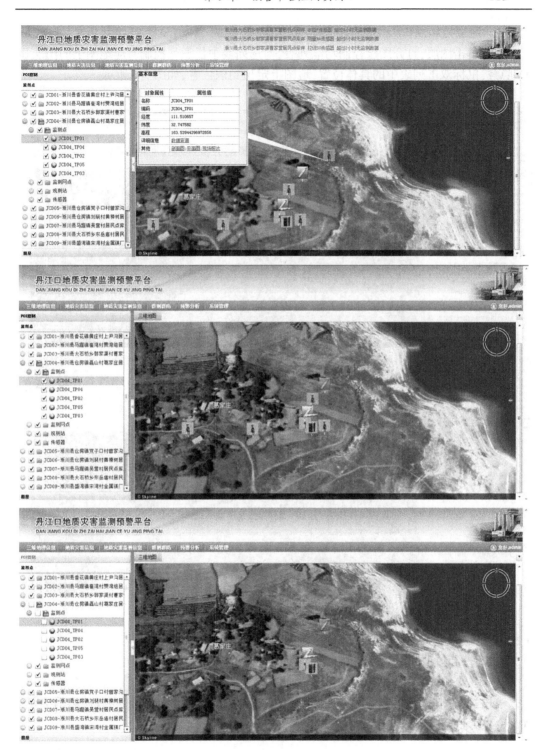

图 9-5　监控点操作

9.2.2.3　图层控制操作

鼠标单击图层,打开图层控制功能列表,勾选列表中任意列控制对应地图上的图层显示/隐藏,鼠标双击列表中的具体位置,地图上定位到该位置,如图9-6所示。

图9-6　图层控制操作

9.2.2.4　三维地图工具条操作

点击三维地图中上方工具条,进行测量、绘图等,如图9-7所示。

1.水平量测、空间量测、垂直量测

点击选择测量方式,选择后可在地图上单击鼠标进行测量,双击鼠标右键取消测量,如图9-8所示。

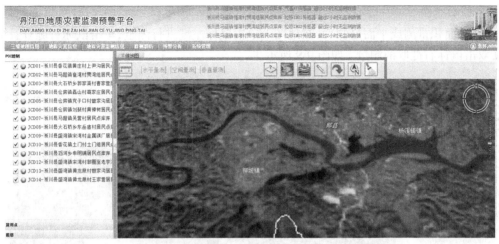

图 9-7　工具条操作

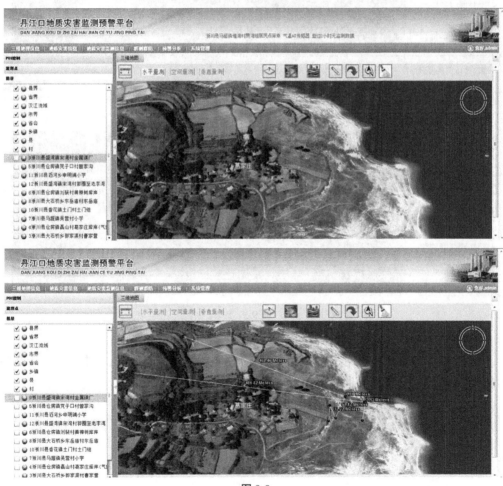

图 9-8

2.面积量测

选择面积量测或平面量测后,在地图上单击鼠标左键进行测量,单击鼠标右键查看结果,双击鼠标右键取消测量,如图9-9所示。

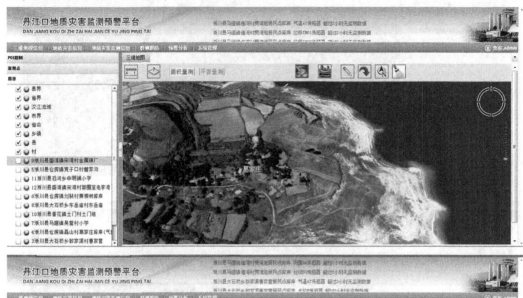

图9-9

3.等高线、坡度图、剖面、坡向图、栅格图

选择类型后在地图上点击鼠标左键选择范围,点击右键查看结果,点击工具条中清除可清除绘制范围,如图9-10所示。

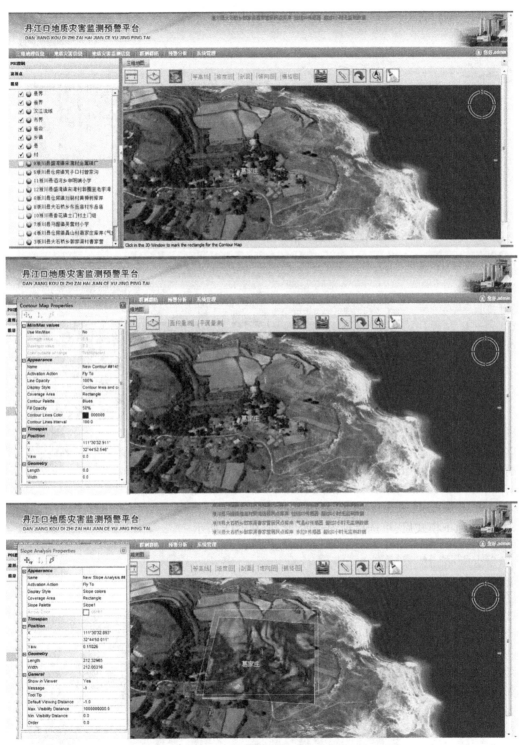

图 9-10

续图 9-10

4.地下模式、透明度

选择地下模式后,可选择地图透明度,如图 9-11 所示。

图 9-11

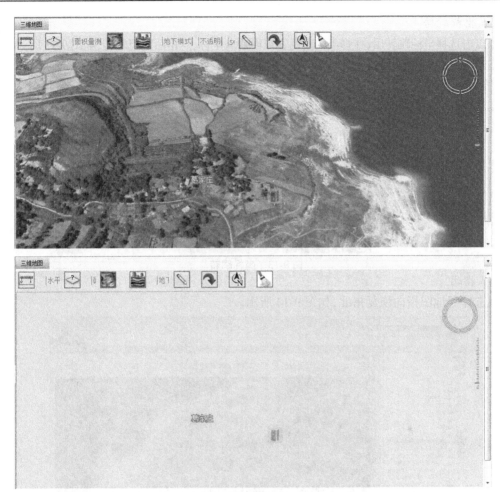

续图 9-11

5.直线、多边形

选择直线、多边形后点击鼠标进行绘制,单击鼠标右键查看结果,如图 9-12 所示。

图 9-12

6.坐标跳转

点击选择坐标跳转后,在弹出的对话窗口内输入坐标,点击后进行跳转,如图9-13所示。

图9-13　坐标跳转

7.指北

选择后地图指向恢复指北,如图9-14所示。

图9-14　指北

8.清除

选择单步清除可以一次清除在地图上绘制的图形,选择清除所有可以清除所绘制的图形,如图9-15所示。

图9-15　清除

9.2.2.5　预警信息跑马灯操作

主界面上方的跑马灯信息,用于显示实时发生预警的传感器信息,鼠标移动到上面停止滚动,如图 9-16 所示。

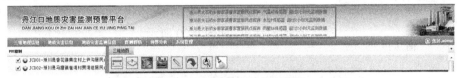

图 9-16　预警信息跑马灯操作

9.2.3　地质灾害信息

地质灾害信息下分"滑坡信息采集"和"库岸信息采集",如图 9-17 所示。

图 9-17

9.2.3.1　滑坡信息采集

进行滑坡数据的查询、添加、修改、删除,如图 9-17 所示。

输入添加的相关数据(见图 9-18),点击"保存",保存至数据库中。

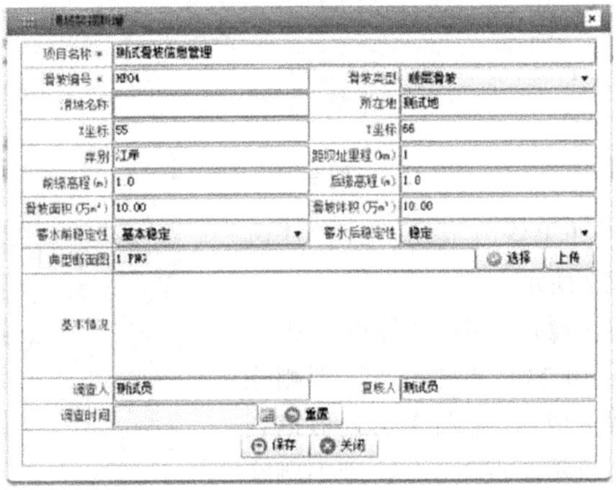

图 9-18

图 9-19

弹出"添加成功"的消息(见图 9-19),并且数据列表刷新,显示出新添加的数据。

选择一条数据,点击操作栏的"详细"按钮,弹出该条数据的详细信息的对话框,点击"关闭",关闭数据详细信息的对话框,如图 9-20 所示。

库岸信息管理			×
库岸基础信息　典型断面图			
项目名称	南水北调中线水源工程丹江口水库地质灾害防治工程(河南省首批)监测预警项目		
监测编号	JCD01	库岸名称	淅川县香花镇黄庄村上尹沟
库坡类型	坍岸		
所在地	淅川县香花镇黄庄村上尹沟	库别	
X坐标	562665	Y坐标	3630126
库岸长度(m)		坡高(m)	
平均坡度(°)		影响户数	17
基本情况			
调查人		复核人	
调查时间			

🗙 关闭

图 9-20

选择相应的数据,点击操作栏里的"修改"按钮,弹出修改滑坡信息的对话框,如图 9-21所示。

库岸信息管理			×
项目名称 *	南水北调中线水源工程丹江口水库地质灾害防治工程(河南省首批)监测预警项目		
库岸编号 *	JCD01	库岸名称 *	淅川县香花镇黄庄村上尹沟
所在地	淅川县香花镇黄庄村上尹沟		
X坐标	562665	Y坐标	3630126
库坡类型	坍岸 ▼	库别	
库岸长度(m)		坡高(m)	
平均坡度(°)		影响户数	17
基本情况			
典型断面图		◎ 选择　上传	
调查人		复核人	测试员
调查时间	📅 重置		

💾 保存　🗙 关闭

图 9-21

点击"保存",如果修改成功,弹出"修改成功"对话框,如图 9-22 所示。

选择一条数据,点击操作栏中的"删除",弹出"是否确定删除"(见图 9-23),点击"是",则删除数据,弹出提示删除数据成功(见图 9-24),数据列表刷新,删除的数据不显示。点击"否",则不删除数据。

图 9-22

图 9-23　　　　　　　　　　　　　　　　图 9-24

9.2.3.2　库岸信息采集

管理库岸数据的查询、添加、修改、删除，如图 9-25 所示。

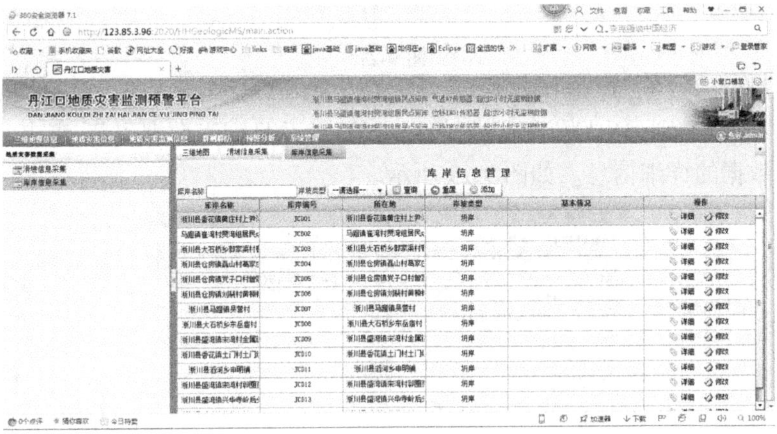

图 9-25

点击"重置"，库岸名称文本框会清空，库岸类型下拉框会默认至"请选择"，列表将显示所有数据，如图 9-26 所示。

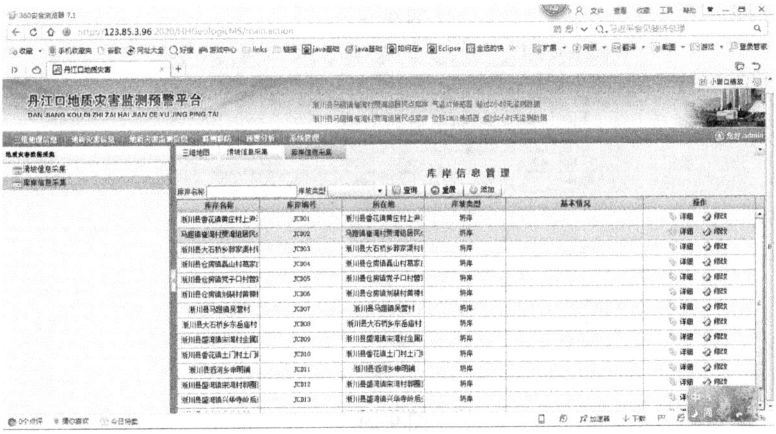

图 9-26

点击"添加"，弹出添加数据的对话框，项目名称、库岸编号、库岸名称是必填项，其他均为选填项。点击"保存"。如果保存进数据库，则弹出"添加成功"，并且列表刷新。如图9-27所示。

选择数据，点击操作栏的"详细"按钮，弹出数据的详细信息对话框，点击"关闭"按钮，则关闭详细信息的对话框。如图 9-28 所示。

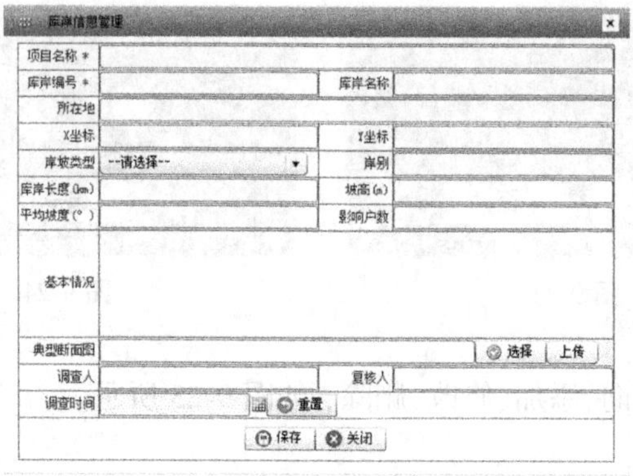

图 9-27

选择相对应的数据,点击操作栏的"修改",弹出对话框。修改相应信息,点击"保存",如果保存成功,则弹出"修改成功"的提示信息,并且列表数据更新,点击"详细"可以看到修改后数据的详细信息。如图 9-29 所示。

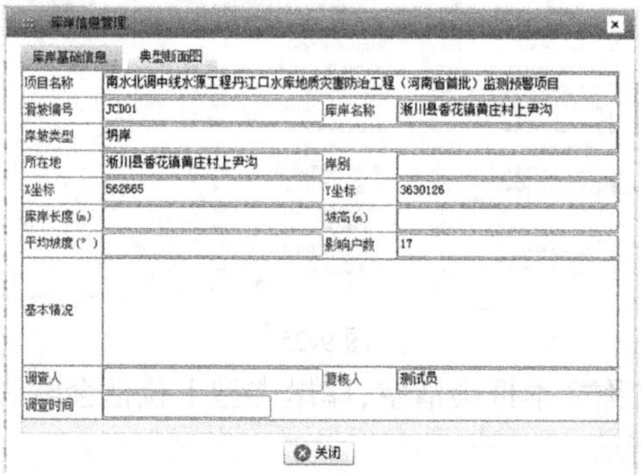

图 9-28

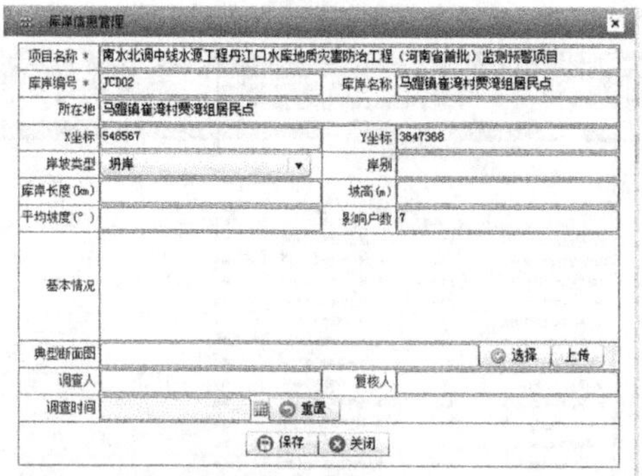

图 9-29

选择一条数据,点击操作栏中的"删除",弹出"是否确定删除",点击"是",则删除数据,弹出提示删除数据成功,数据列表刷新,删除的数据不显示。点击"否",则不删除数据。

9.2.4　地质灾害监测信息

地质灾害监测信息分为三个部分,分别是"自动监测点""人工观测点""监测项目信息"。

9.2.4.1　自动监测点

自动监测点菜单下设三个页面:"监测点实时数据""监测点历史数据""监测信息统计"。

1.监测点实时数据

主要界面功能如图 9-30 所示,选择"监测点",查询数据,点击选择栏的复选框,选择不同传感器的监测数据。可以根据"监测日期"刷新数据,如图 9-30 所示。

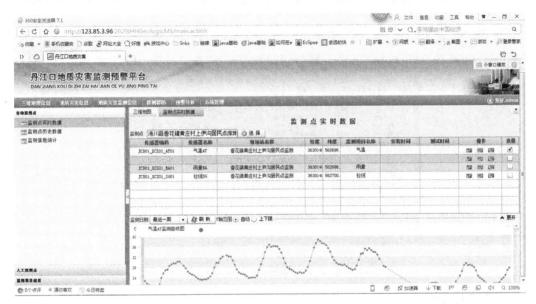

图 9-30

选择"淅川县香花镇黄庄村上伊沟居民点库岸"监测点,选择"气温",选择"最近一周"的数据,点击刷新,如图 9-31 所示。

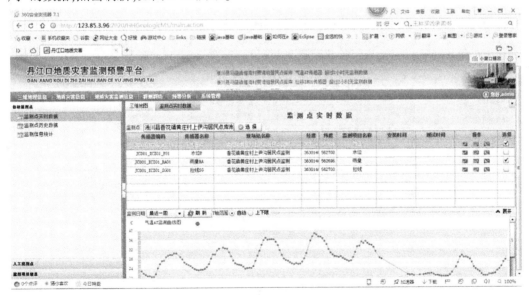

图 9-31

2.监测点历史数据

模块的主要界面功能如图 9-32 所示。选择"监测点",并且选择"传感器"名称,选择"时间段",点击"查询"。

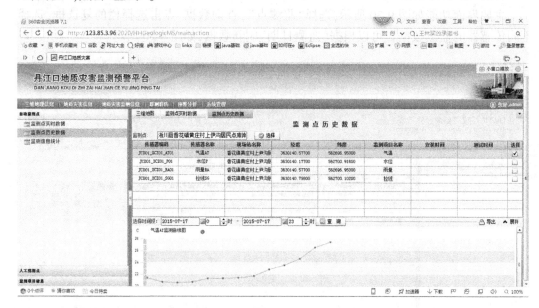

图 9-32

3.监测信息统计

主要功能是根据选择的监测点、开始时间、结束时间、传感器、统计量、时间间隔、参数等条件进行组合查询,如图 9-33 所示。

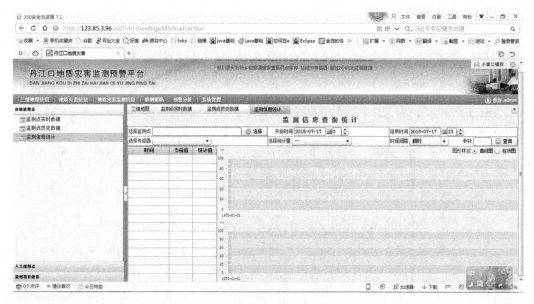

图 9-33

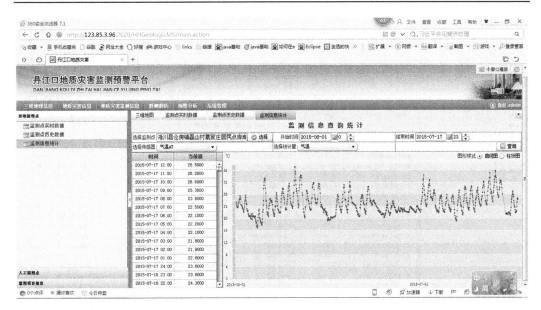

续图 9-33

9.2.4.2　人工观测点

1.沉降观测成果

沉降观测成果的主要功能是根据检测点名称、观测日期条件进行组合查询或重置。还可以选择文件入库,对数据进行详细查询、修改和删除,如图 9-34 所示。

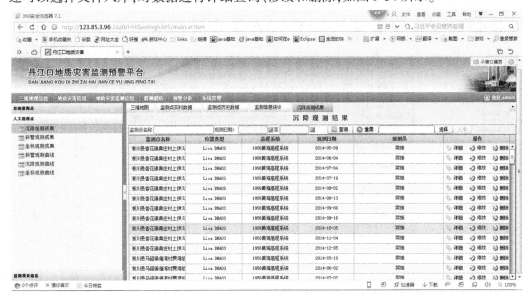

图 9-34

点击"选择",选择相关沉降观测成果,点击"入库",如果编号相同,点击"入库",弹出"该条数据已经存在";如果数据库中没有该数据,则会弹出"数据添加成功"。

点击"查询",列表显示所有符合该条件的数据,如图 9-35 所示。

图 9-35

点击"重置",监测点名称文本框和观测日期选择框清空,列表显示所有数据,如图 9-36所示。

图 9-36

点击操作栏"详细",弹出数据的详细信息对话框,如图 9-37 所示,点击"返回",关闭对话框。

点击操作栏"修改",弹出数据的详细信息对话框,如图 9-38 所示,修改相应的数据。点击"保存",如果保存成功,弹出"修改成功"对话框,点击"详细",数据更新,显示新的数据。如点击"返回",则不修改数据。

图 9-37

图 9-38

选择一条数据,点击操作栏中的"删除",会弹出如图 9-39 所示的对话框,确定是否删除。

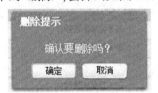
图 9-39

点击"是",则删除数据,弹出"删除成功"对话框,提示删除数据成功,数据列表刷新,删除的数据不显示。点击"否",则不删除数据。

2.斜管观测成果

主要功能是根据检测点名称、观测日期条件进行组合查询,数据文件导入、修改和删除,如图 9-40 所示。

图 9-40

点击"选择",选择相关斜管观测成果,点击"入库",如果编号相同,点击"入库",会弹出"该条数据已经存在";如果数据库中没有该数据,则会弹出"数据添加成功",并且数据列表刷新。

输入监测点名称,选择观测日期范围,如图 9-41 所示,点击"查询",列表显示所有符合该条件的数据。

图 9-41

点击"重置",监测点名称文本框和观测日期选择框清空,列表显示所有数据,如图 9-42所示。

图 9-42

　　点击操作栏"详细",弹出数据的详细信息对话框,如图 9-43 所示,点击"返回"关闭对话框。

图 9-43

　　点击操作栏"修改",弹出数据的详细信息对话框,如图 9-44 所示,修改相应的数据。点击"保存",如果保存成功,弹出"修改成功"对话框,点击"详细",数据更新,显示新的数据。如点击"返回",则不修改数据。

图 9-44

　　选择一条数据,点击操作栏中的"删除",会弹出"确认要删除吗"对话框,确定是否删除。

　　点击"是",则删除数据,弹出"删除成功"对话框,提示删除数据成功,数据列表刷新,删除的数据不显示。点击"否",则不删除数据。

3.坐标观测成果

　　主要功能是根据检测点名称、观测日期条件进行组合查询,数据导入、修改和删除,如图 9-45 所示。

图 9-45

点击"选择",选择正确格式的文件,点击"入库",如果编号相同,点击"入库",会弹出"该条数据已经存在";如果数据库中没有该数据,则会弹出"数据添加成功",并且数据列表刷新。

点击"重置",监测点名称文本框和观测日期选择框清空,列表显示所有数据,如图 9-46 所示。

图 9-46

点击操作栏"详细",弹出数据的详细信息对话框,如图 9-47 所示,点击"返回"关闭对话框。

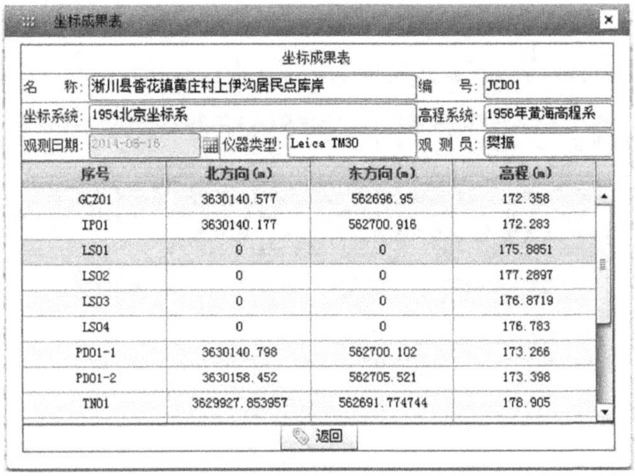

图 9-47

点击操作栏"修改",弹出数据的详细信息对话框,如图 9-48 所示,修改相应的数据。点击"保存",如果保存成功,弹出"修改成功"对话框,点击"详细",数据更新,显示新的数据。如点击"返回",则不修改数据。

图 9-48

选择一条数据,点击操作栏中的"删除",会弹出"确认要删除吗"对话框,确定是否删除。

点击"是",则删除数据,弹出"删除成功"对话框,提示删除数据成功,数据列表刷新,删除的数据不显示。点击"否",则不删除数据。

4.斜管观测曲线

主要功能是根据监测点、开始-结束时间等条件组合查询相关曲线,如图 9-49 所示。

5.沉降观测曲线

主要功能是根据监测点、开始-结束时间等条件组合查询相关曲线,如图 9-50 所示。

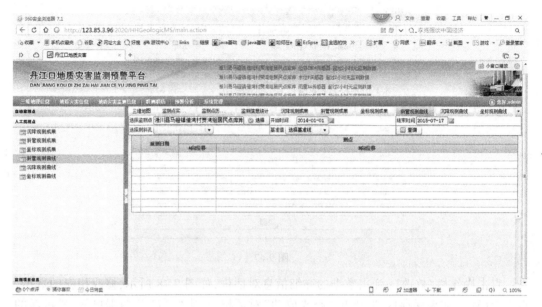

图 9-49

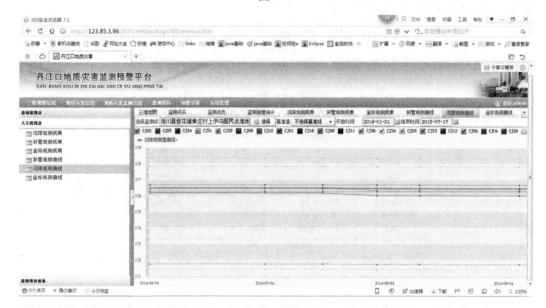

图 9-50

6.坐标观测曲线

主要功能是根据监测点、开始-结束时间等条件组合查询相关曲线,如图 9-51 所示。

9.2.4.3　监测项目信息

项目信息统计模块的主要功能是根据监测点、监测的时间段、监测项目、统计量和时间间隔这些条件组合,查询出相关的数据。如图 9-52 所示。

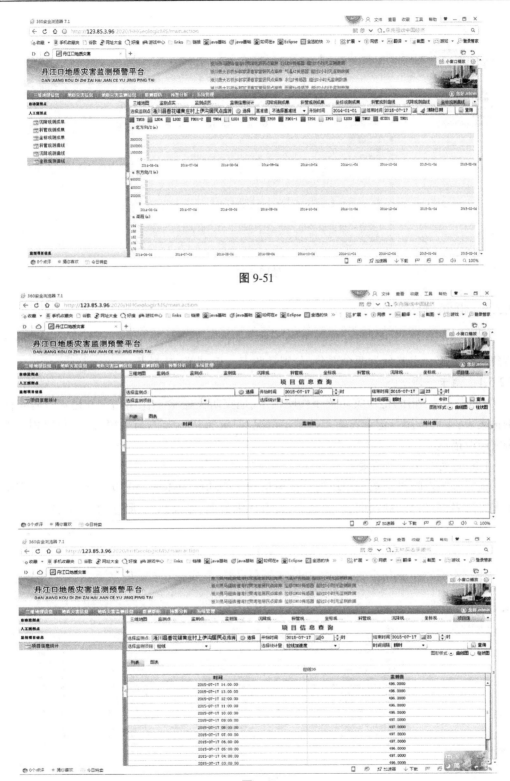

图 9-51

图 9-52

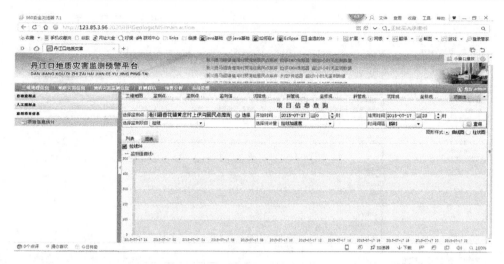

续图 9-52

9.2.5 群测群防

此模块的主要功能是对各灾害点和监测点的信息进行监测、记录,以及制定出相应的应急避险措施。主要分为两个部分,分别是两卡一表、群防群测表。

9.2.5.1 两卡一表

"两卡一表"指的是地灾防灾工作明白卡、地灾防灾避险工作明白卡和地灾危险点防御预案表,主要作用是记录灾害点的基本情况,对灾害进行监测与预警,以及制定相应的避灾疏散措施。

1.地灾危险点防御预案表

地灾危险点防御预案表模块的整体风格和主要功能的体现如图 9-53 所示,主要有根据灾害点名称进行模糊查询、添加数据、查看详细数据、修改数据、删除数据的功能。

图 9-53

　　在灾害点名称的文本框中输入关键字,点击"查询",列表会显示全部与所输入关键字有关的数据,如图 9-54 所示。

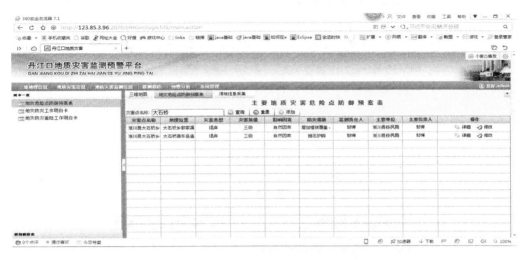

图 9-54

　　点击"重置",文本框清空,列表显示所有数据,如图 9-55 所示。

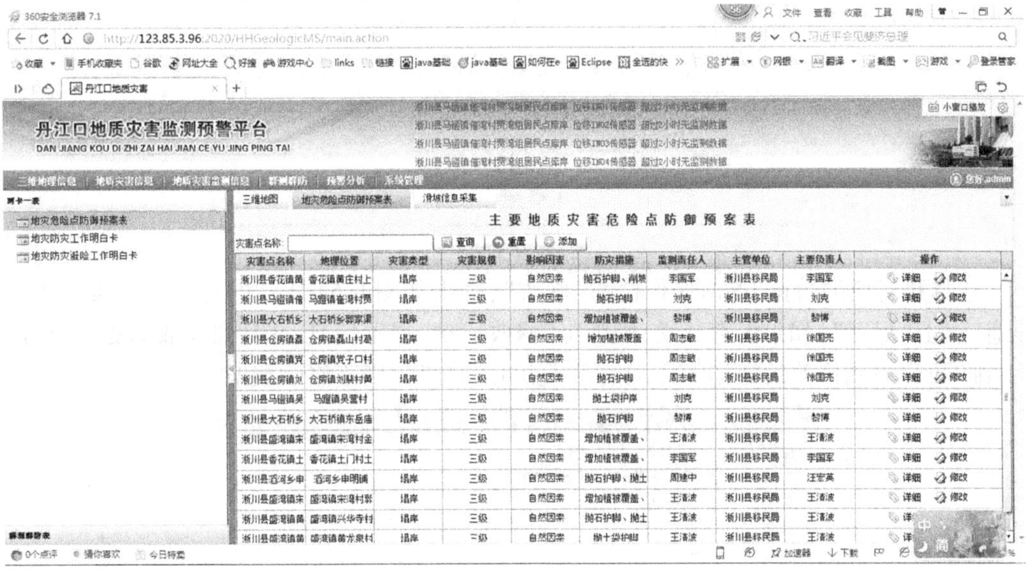

图 9-55

　　点击"添加"按钮,弹出添加数据的对话框,灾害点名称和地理位置是必填项,其他均为选填项,如图 9-56 所示。

　　点击"保存",如果保存成功,弹出"添加成功"信息,并且数据列表刷新。

　　选择一条数据,点击操作栏的"详细"按钮,弹出该条数据的详细信息的对话框,如图 9-57所示,点击"关闭"按钮关闭数据详细信息窗体。

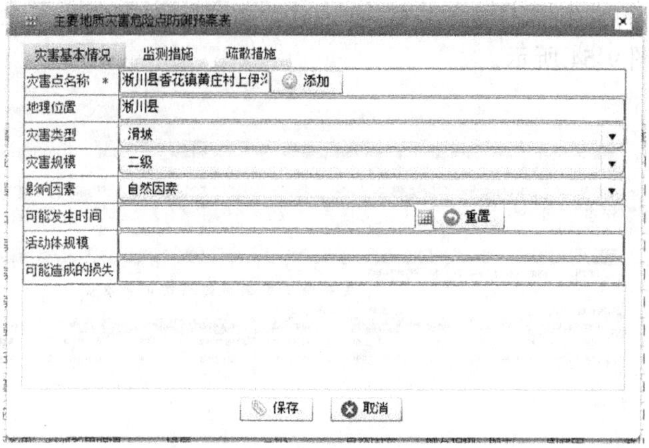

图 9-56

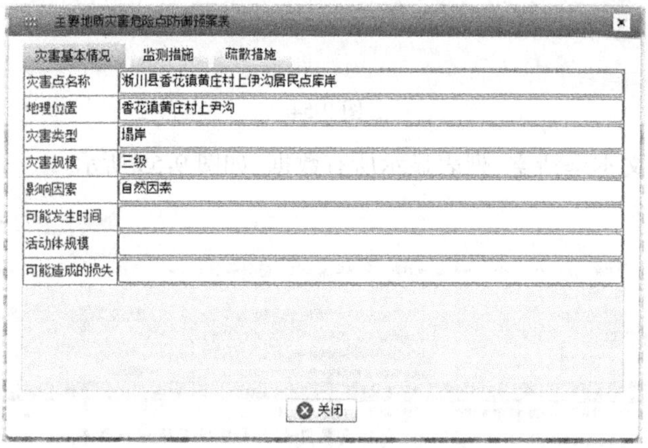

图 9-57

选择相对应的数据,点击操作栏的"修改",弹出如图 9-58 所示的对话框。修改相应信息,点击"保存",如果保存成功,则弹出"修改成功"提示信息,并且列表数据更新,点击"详细"可以看到修改后数据的详细信息。点击"取消",则不修改数据。

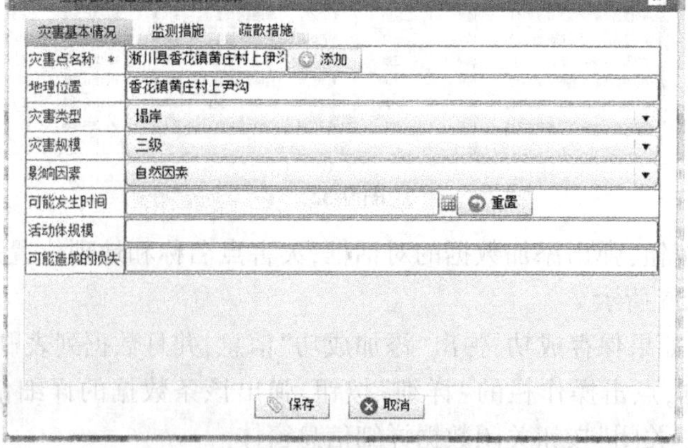

图 9-58

选择一条数据,点击操作栏中的"删除",弹出如"确认要删除吗"对话框,确定是否删除。

点击"是",则删除数据,弹出"删除成功"对话框,提示删除数据成功,数据列表刷新,删除的数据不显示。点击"否",则不删除数据。

2.地灾防灾工作明白卡

地灾防灾工作明白卡模块的整体风格和主要功能的体现如图 9-59 所示,主要有根据灾害点名称进行模糊查询、添加数据、查看详细数据、修改数据、删除数据的功能。

图 9-59

在灾害点名称的文本框中输入关键字后点击"查询",列表会显示全部与所输入关键字有关的数据,如图 9-60 所示。

图 9-60

点击"重置",灾害点名称文本框清空,列表显示所有数据,如图9-61所示。

图 9-61

点击"添加"按钮,弹出添加数据的对话框,灾害点名称和灾害位置是必填项,其他均为选填项,如图9-62所示。

点击"保存",如果保存成功,弹出"添加成功"信息,并且数据列表刷新。点击"取消",对话框关闭,数据不保存进数据库。

选择一条数据,点击操作栏的"详细"按钮,弹出该条数据的详细信息的对话框,如图9-63所示,点击"关闭"后关闭数据详细信息的对话框。

图 9-62

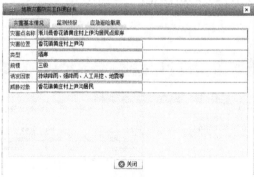

图 9-63

选择相对应的数据,点击操作栏的"修改",弹出如图9-64所示的对话框。修改相应信息,点击"保存",如果保存成功,则弹出"修改成功"的提示信息,并且列表数据更新,点击"详细"可以看到修改后数据的详细信息。点击"取消",则不修改数据。

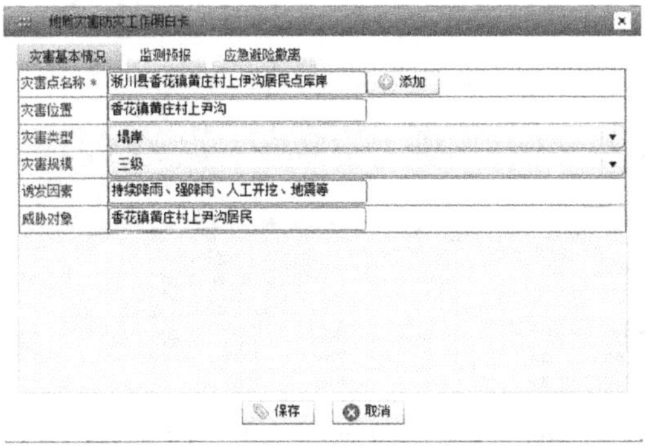

图 9-64

选择一条数据,点击操作栏中的"删除",会弹出"确定要删除吗"对话框,确定是否删除。

点击"是",则删除数据,弹出"删除成功"对话框,提示删除数据成功,数据列表刷新,删除的数据不显示。点击"否",则不删除数据。

3.地灾防灾避险工作明白卡

地灾防灾避险工作明白卡模块的整体风格和主要功能的体现如图 9-65 所示。主要有根据灾害点名称和户主姓名进行组合模糊查询、添加数据、查看详细数据、修改数据、删除数据的功能。

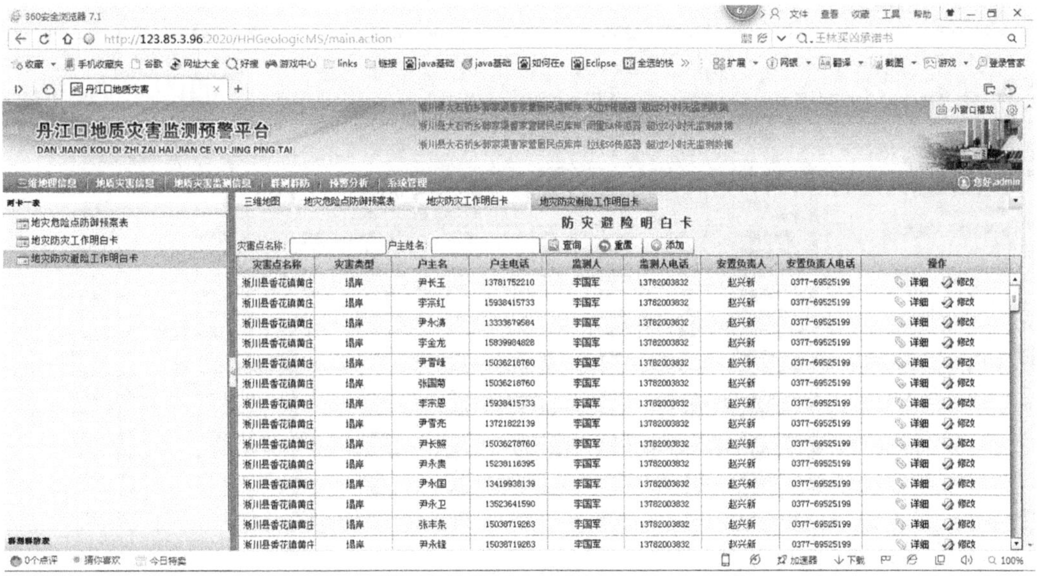

图 9-65

在灾害点名称、户主姓名文本框中输入关键字,点击"查询",列表会显示全部与关键字有关的数据,如图 9-66 所示。

图 9-66

　　点击"重置",灾害点名称文本框和户主姓名文本框清空,列表显示所有数据,如图 9-67所示。

图 9-67

　　点击"添加"按钮,弹出添加数据的对话框,户主姓名和灾害点名称是必填项,其他均为选填项,如图 9-68 所示。

　　点击"保存",如果保存成功,弹出"添加成功"信息,并且数据列表刷新。点击"取消",对话框关闭,数据不保存进数据库。

　　选择一条数据,点击操作栏的"详细"按钮,会弹出该条数据的详细信息的对话框,如

图 9-69 所示,点击"关闭",就关闭数据详细信息的对话框。

图 9-68 图 9-69

选择相对应的数据,点击操作栏的"修改",弹出如图 9-70 所示的对话框。修改相应信息,点击"保存",如果保存成功,则弹出"修改成功"的提示信息,并且列表数据更新,点击"详细"可以看到修改后数据的详细信息。点击"取消",则不修改数据。

图 9-70

选择一条数据,点击操作栏中的"删除",弹出"是否确定删除"对话框,确定是否删除。

点击"是",则删除数据,弹出"删除成功"对话框,提示删除数据成功,数据列表刷新,删除的数据不显示。点击"否",则不删除数据。

9.2.5.2 群测群防表

群测群防表共有四张表,分别为地质灾害监测预警巡视检查表、监测点布置表、地质灾害监测预警监测表和实物指标调查表。主要作用是对灾害点的各个监测点数据的变化情况进行实时记录,掌握监测点的实时数据。

1.地质灾害监测预警巡视检查表

地质灾害监测预警巡视检查表的主要作用是记录对各个灾害点进行实时监测的情况,包括日期、监测员、监测内容。该模块主要功能有查询、添加、查看详细、修改和删除,如图 9-71 所示。

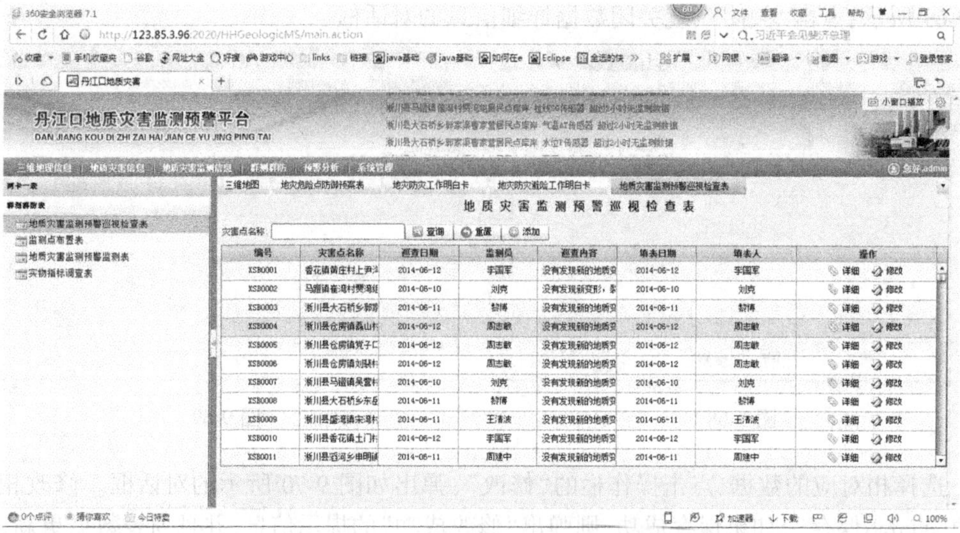

图 9-71

在灾害点名称的文本框中输入关键字,点击"查询",列表会显示全部与所输入关键字有关的数据,如图 9-72 所示。

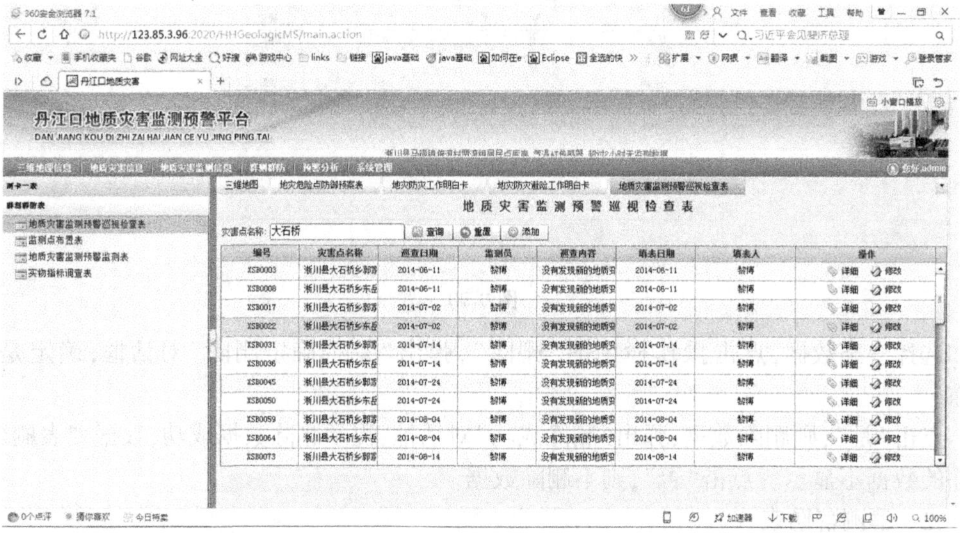

图 9-72

点击"重置",灾害点名称的文本框清空,列表刷新,显示所有数据,如图 9-73 所示。

点击"添加"按钮,弹出添加数据的对话框,编号、灾害点名称、巡查日期、监测员、巡查内容、填表人、填表日期均为必填项。填写数据如图 9-74 所示。

点击"保存",如果保存成功,弹出"添加成功"信息,并且数据列表刷新。点击"关闭",对话框关闭,数据不保存进数据库。

选择一条数据,点击操作栏的"详细"按钮,弹出该条数据的详细信息的对话框,如图 9-75 所示,点击"关闭",就关闭数据详细信息的对话框。

图 9-73

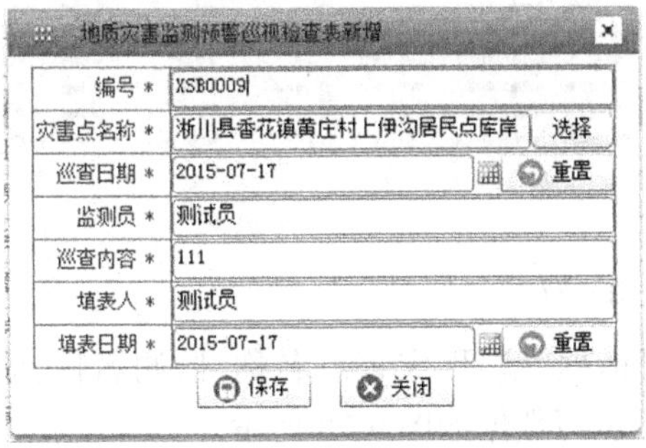

图 9-74 　　　　　　　　　　　　　　图 9-75

　　选择相对应的数据,点击操作栏的"修改",弹出如图 9-76 所示的对话框。修改相应
信息,点击"保存",如果保存成功,则弹出"修改成功"的提示信息,并且列表数据更新,点
击"详细"可以看到修改后数据的详细信息。点击"取消",则不修改数据。

图 9-76

选择一条数据,点击操作栏中的"删除",会弹出"是否确定删除"对话框,确定是否删除。

点击"是",则删除数据,弹出"删除成功"对话框,提示删除数据成功,数据列表刷新,删除的数据不显示。点击"否",则不删除数据。

2.监测点布置表

主要是各个监测点的类型、位置、布置日期及人员等信息,用于在地图上进行定位及相关信息的显示。该模块主要功能有查询、添加、查看详细、修改和删除,如图9-77所示。

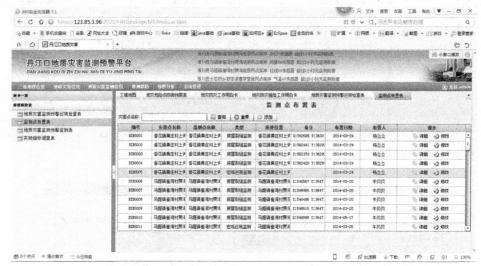

图 9-77

点击"添加"按钮,弹出添加数据的对话框,编号、灾害点名称、监测名称、监测类型、所处位置、布置人、布置时间均为必填项。填写数据如图9-78所示。

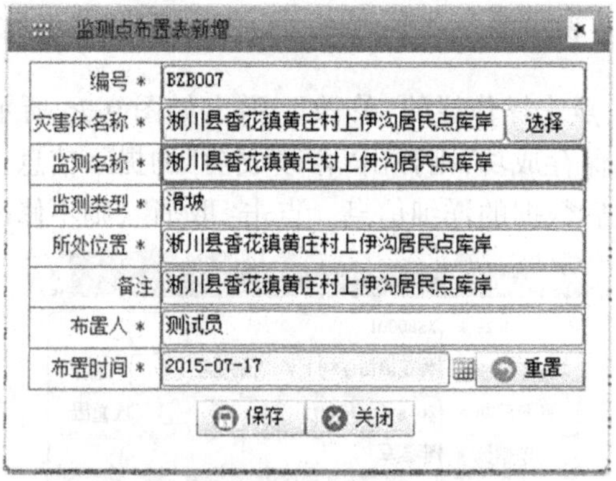

图 9-78

点击"保存",如果保存成功,弹出"添加成功"信息,并且数据列表刷新。点击"关闭",对话框关闭,数据不保存进数据库。

选择一条数据,点击操作栏的"详细"按钮,会弹出该条数据的详细信息的对话框,如图9-79所示,点击"关闭",就关闭数据详细信息的对话框。

选择相对应的数据,点击操作栏的"修改",弹出如图 9-80 所示的对话框。修改相应信息,点击"保存",如果保存成功,则弹出"修改成功"的提示信息,并且列表数据更新,点击"详细"可以看到修改后数据的详细信息。点击"取消",则不修改数据。

图 9-79   图 9-80

选择一条数据,点击操作栏中的"删除",会弹出"是否确定删除"对话框,确定是否删除。

点击"是",则删除数据,弹出"删除成功"对话框,提示删除数据成功,数据列表刷新,删除的数据不显示。点击"否",则不删除数据。

3.地质灾害监测预警监测表

地质灾害监测预警监测表主要记录的是各监测点记录的监测数据变化情况。用于对灾害点的情况进行实时的监控。该模块主要功能有查询、添加、查看详细、修改和删除,如图 9-81 所示。

图 9-81

在灾害点名称和测点编号的文本框中输入关键字,点击"查询",列表会显示全部与所输入关键字有关的数据,点击"重置",灾害点名称的文本框清空,列表刷新,显示所有数据,如图 9-82 所示。

图 9-82

点击"添加"按钮,弹出添加数据的对话框,灾害体名称、监测表号、测点类型、建点日期、测点编号、监测仪器、填表人、填表日期均为必填项。填写数据如图 9-83 所示,点击"保存",如果保存成功,弹出"添加成功"信息,并且数据列表刷新。点击"关闭",对话框关闭,数据不保存进数据库。

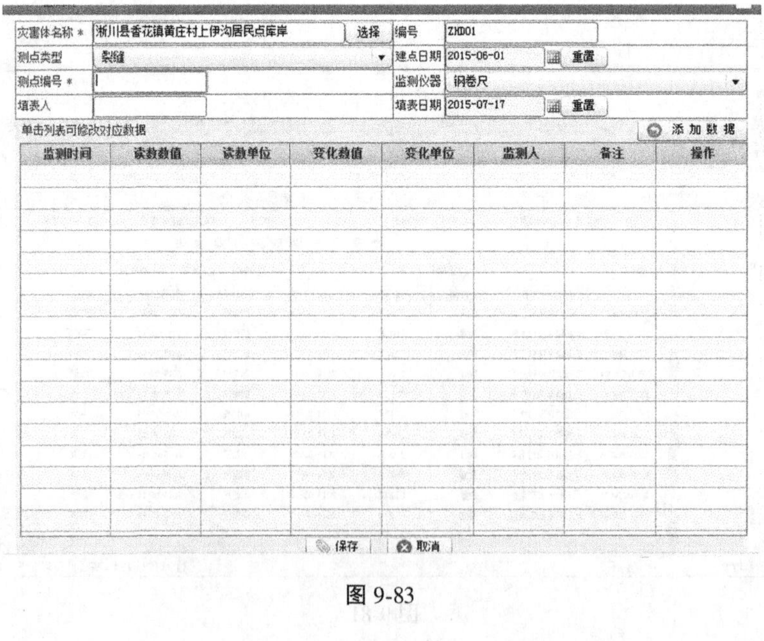

图 9-83

选择一条数据,点击操作栏的“详细”按钮,会弹出该条数据的详细信息的对话框,如图 9-84 所示,点击“关闭”,就关闭数据详细信息的对话框。

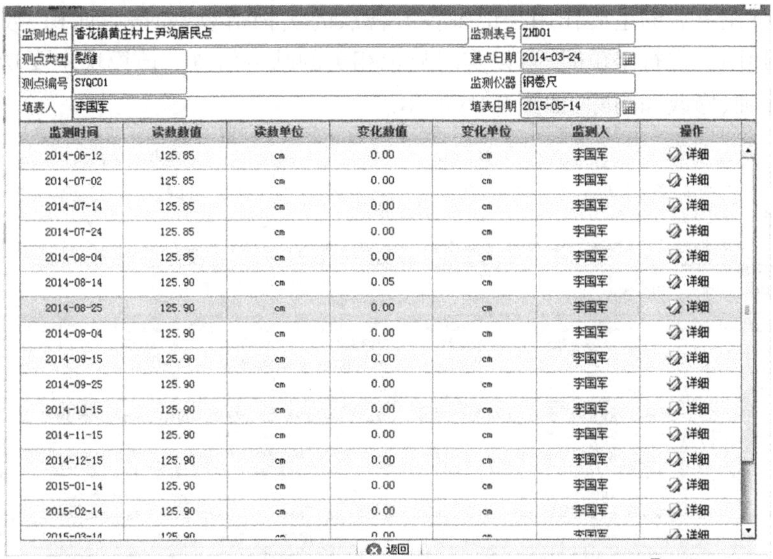

监测时间	读数数值	读数单位	变化数值	变化单位	监测人	操作
2014-06-12	125.85	cm	0.00	cm	李国军	详细
2014-07-02	125.85	cm	0.00	cm	李国军	详细
2014-07-14	125.85	cm	0.00	cm	李国军	详细
2014-07-24	125.85	cm	0.00	cm	李国军	详细
2014-08-04	125.85	cm	0.00	cm	李国军	详细
2014-08-14	125.90	cm	0.05	cm	李国军	详细
2014-08-25	125.90	cm	0.00	cm	李国军	详细
2014-09-04	125.90	cm	0.00	cm	李国军	详细
2014-09-15	125.90	cm	0.00	cm	李国军	详细
2014-09-25	125.90	cm	0.00	cm	李国军	详细
2014-10-15	125.90	cm	0.00	cm	李国军	详细
2014-11-15	125.90	cm	0.00	cm	李国军	详细
2014-12-15	125.90	cm	0.00	cm	李国军	详细
2015-01-14	125.90	cm	0.00	cm	李国军	详细
2015-02-14	125.90	cm	0.00	cm	李国军	详细
2015-03-14	125.90	cm	0.00	cm	李国军	详细

图 9-84

选择相对应的数据,点击操作栏的“编辑”,弹出如图 9-85 所示的对话框。修改相应信息,点击“保存”,如果保存成功,则弹出“修改成功”的提示信息,并且列表数据更新,点击“详细”可以看到修改后数据的详细信息。点击“取消”,则不修改数据。

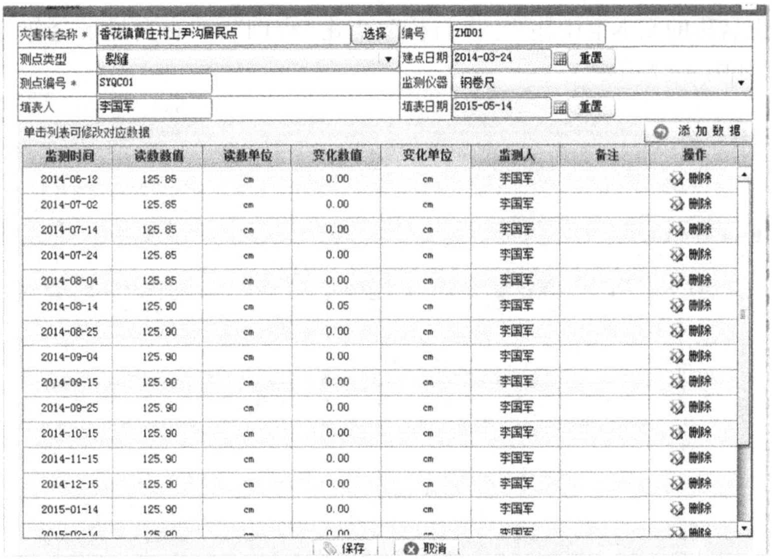

监测时间	读数数值	读数单位	变化数值	变化单位	监测人	备注	操作
2014-06-12	125.85	cm	0.00	cm	李国军		删除
2014-07-02	125.85	cm	0.00	cm	李国军		删除
2014-07-14	125.85	cm	0.00	cm	李国军		删除
2014-07-24	125.85	cm	0.00	cm	李国军		删除
2014-08-04	125.85	cm	0.00	cm	李国军		删除
2014-08-14	125.90	cm	0.05	cm	李国军		删除
2014-08-25	125.90	cm	0.00	cm	李国军		删除
2014-09-04	125.90	cm	0.00	cm	李国军		删除
2014-09-15	125.90	cm	0.00	cm	李国军		删除
2014-09-25	125.90	cm	0.00	cm	李国军		删除
2014-10-15	125.90	cm	0.00	cm	李国军		删除
2014-11-15	125.90	cm	0.00	cm	李国军		删除
2014-12-15	125.90	cm	0.00	cm	李国军		删除
2015-01-14	125.90	cm	0.00	cm	李国军		删除
2015-02-14	125.90	cm	0.00	cm	李国军		删除

图 9-85

选择一条数据,点击操作栏中的“删除”,会弹出“是否确定删除”对话框,确定是否删除。

点击“是”,则删除数据,弹出“删除成功”对话框,提示删除数据成功,数据列表刷新,删除的数据不显示。点击"否",则不删除数据。

4.实物指标调查表

实物指标调查表的主要作用是记录各灾害点的实物指数,如房屋面积、数量、人口等信息。当在地图上进行定位时,可以实时显示相关的基本信息。该模块主要功能有查询、添加、查看详细、修改和删除,如图 9-86 所示。

图 9-86

在灾害点名称的文本框中输入"大石桥",点击"查询",列表会显示全部与"大石桥"有关的数据,如图 9-87 所示。

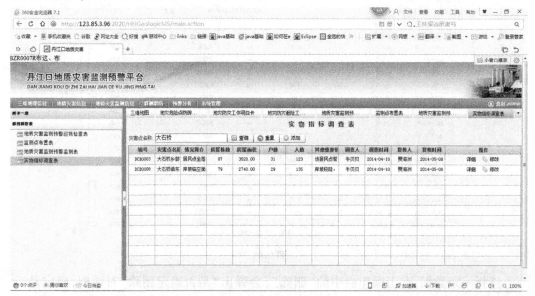

图 9-87

点击"重置",灾害点名称的文本框清空,列表刷新,显示所有数据,如图 9-88 所示。

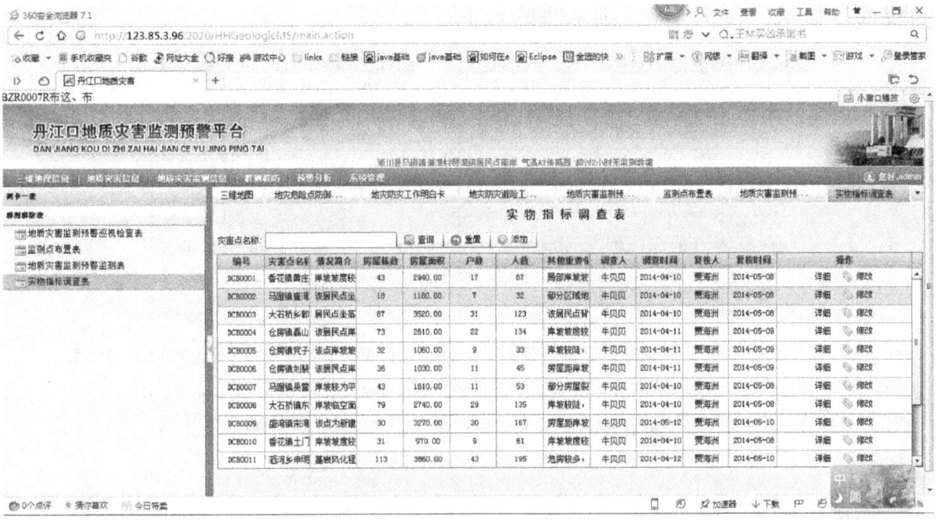

图 9-88

点击"添加"按钮,弹出添加数据的对话框,编号、灾害点名称、调查人、调查时间、复核人、复核时间均为必填项。填写数据如图 9-89 所示。

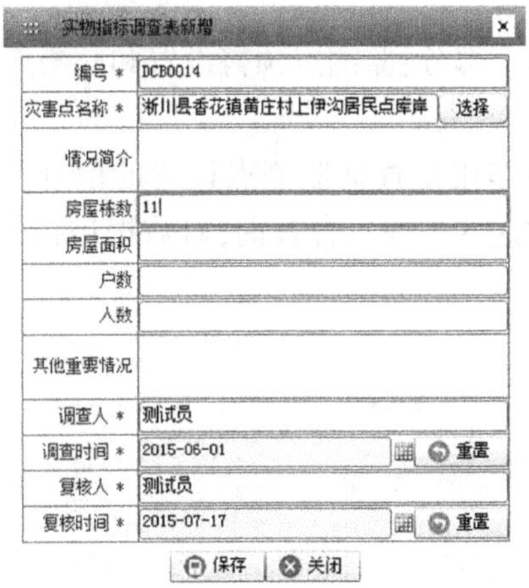

图 9-89

点击"保存",如果保存成功,弹出"添加成功"信息,并且数据列表刷新。点击"关闭",对话框关闭,数据不保存进数据库。

选择一条数据,点击操作栏的"详细"按钮,会弹出该条数据的详细信息的对话框,如图 9-90 所示,点击"关闭",就关闭数据详细信息的对话框。

选择相对应的数据,点击操作栏的"修改",弹出如图 9-91 所示的对话框。修改相应信息,点击"保存",如果保存成功,则弹出"修改成功"的提示信息,并且列表数据更新,点击"详细"可以看到修改后数据的详细信息。点击"取消",则不修改数据。

选择一条数据,点击操作栏中的"删除",会弹出"是否确定删除"对话框,确定是否删除。

点击"是",则删除数据,弹出"删除成功"对话框,提示删除数据成功,数据列表刷新,删除的数据不显示。点击"否",则不删除数据。

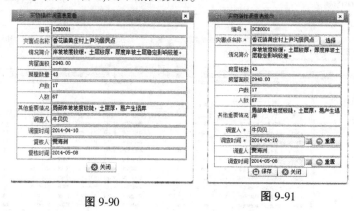

图 9-90　　　　　　　　　　　图 9-91

9.2.6　预警分析

预警分析模块属于核心功能,包括监测点预警、预警列表、预警信息发布、预测预报和区域预警计算。

9.2.6.1　监测点预警

监测点预警模块分为两个部分:监测点预警设置和监测点预警结果。

1.监测点预警设置

监测点预警设置的主要作用是查询监测点设置的信息。主要功能是根据监测点编号、监测点名称、灾害体名称这些条件组合查询,对数据进行编辑。页面风格和主要功能页面如图 9-92 所示。

图 9-92

监测点预警设置表的查询功能可以根据监测点编号、监测点名称、灾害体名称条件进行组合查询。如图 9-93 所示为监测编号"3"，监测点名称"大石桥"，点击"查询"。

图 9-93

点击"重置"，条件的文本框清空，列表刷新显示所有数据，如图 9-94 所示。

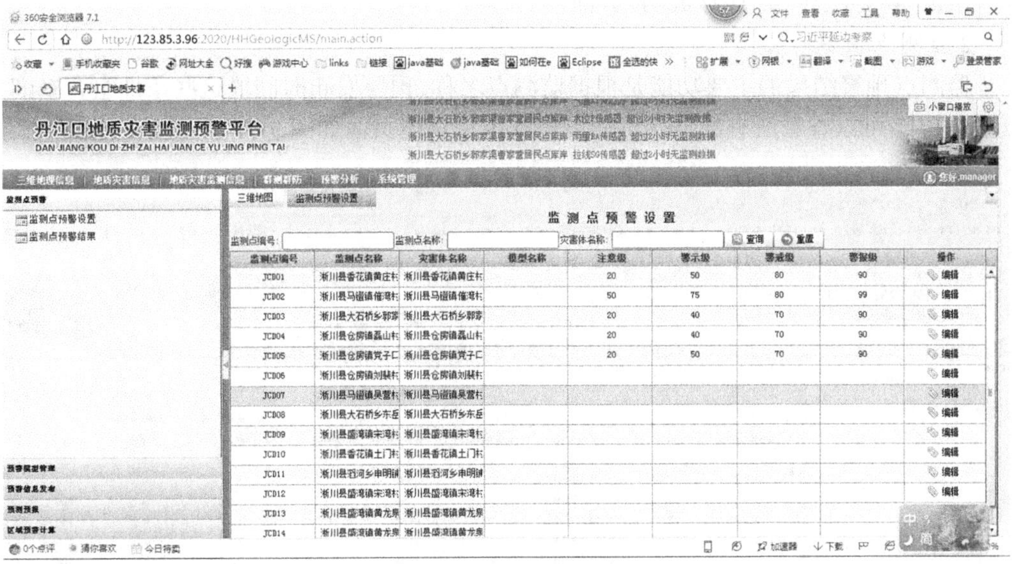

图 9-94

选择数据，点击"编辑"，弹出如图 9-95 所示的对话框，在此可以添加详细数据、删除数据。

其中添加数据时弹出如图 9-96 所示的对话框。注意级、警戒级是必填项，且有数据校验。添加成功，数据将显示在下面列表中。

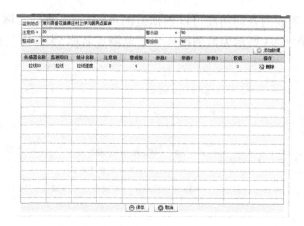

图 9-95

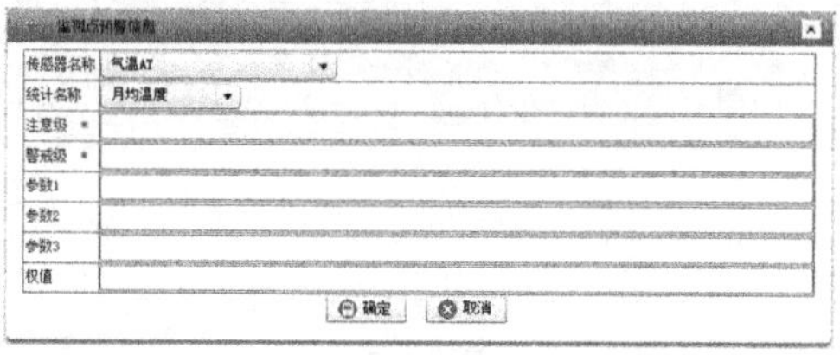

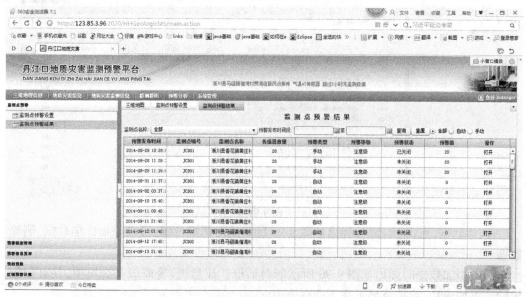

图 9-96

点击"删除",可以删除该条数据,列表刷新。

点击"保存",弹出"保存成功"界面。

2.监测点预警结果

监测点预警结果的主要功能是根据监测点名称、预警发布时间段这些条件组合查询,点击"打开"可以查看所有数据。页面风格和主要功能页面如图 9-97 所示。

图 9-97

监测点名称选择"淅川县马镫镇催湾村贾湾组居民点库岸"(注:"催湾村"应为"崔湾村",下同),预警时间段为"2013-11-01"至"2015-07-17",点击"查询",列表显示所有符合条件的数据,如图 9-98 所示。

图 9-98

选择数据,点击操作栏里的"打开",弹出如图 9-99 所示的对话框。

图 9-99

9.2.6.2 模型列表

模型列表的主要功能是对预警模型的管理,主要功能:根据模型编号和模型名称进行查询,添加模型、查看模型、修改模型和删除模型。如图 9-100 所示。

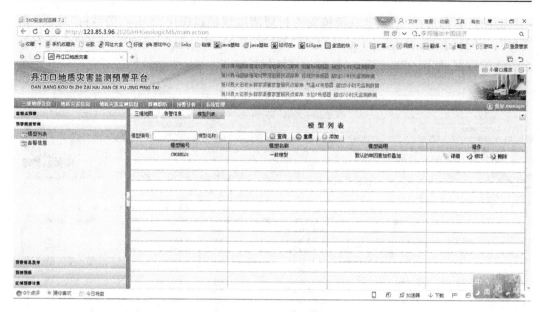

图 9-100

根据模型编号和模型名称查询,输入模型编号"1",模型名称是"一般模型",点击"查询",列表显示所有符合该条件的数据,如图 9-101 所示。

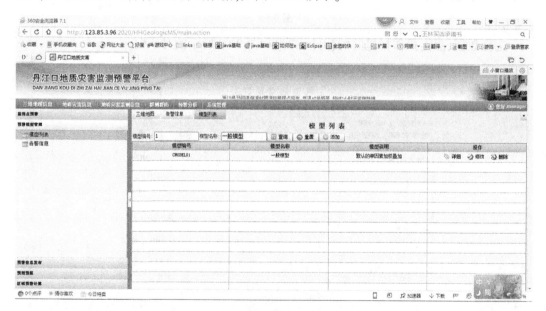

图 9-101

点击"重置",条件文本框清空,列表显示所有数据,如图 9-102 所示。

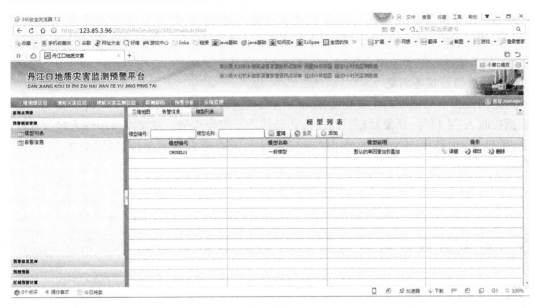

图 9-102

点击"添加",弹出如图 9-103 所示的对话框,输入模型编号、名称、说明等信息。点击"保存",数据保存成功,列表刷新,显示新添加的数据。

选择数据,点击操作栏中的"详细"按钮,弹出如图 9-104 所示的对话框,点击"关闭",详细信息对话框关闭。

图 9-103   图 9-104

选择数据,点击操作栏中的"修改"按钮,弹出如图 9-105 所示的对话框,点击"保存",修改对话框关闭,弹出"修改成功"的对话框,数据列表刷新,点击"详细"可以看到信息修改。

图 9-105

选择数据,点击操作栏中的"删除"按钮,弹出"是否确定删除"对话框。

点击"是",弹出"删除成功"对话框,数据列表刷新,没有该数据。点击"否",对话框关闭。

9.2.6.3　预警信息发布

预警信息发布模块有五个部分,分别是短信预警信息浏览、短信预警信息设置、手动发送、人工预警和预警关闭审核。

1.短信预警信息浏览

短信预警信息浏览的主要功能是对短信消息进行记录,如图 9-106 所示,主要功能是根据接收人、手机号、预警发布时间段这些条件进行组合查询。在文本框中输入接收人姓名、手机号、预警发布时间段,点击"查询",显示所有符合相关条件的数据,如图 9-107所示。

图 9-106

图 9-107

点击"重置",所有文本框清空,列表显示所有数据,如图 9-108 所示。

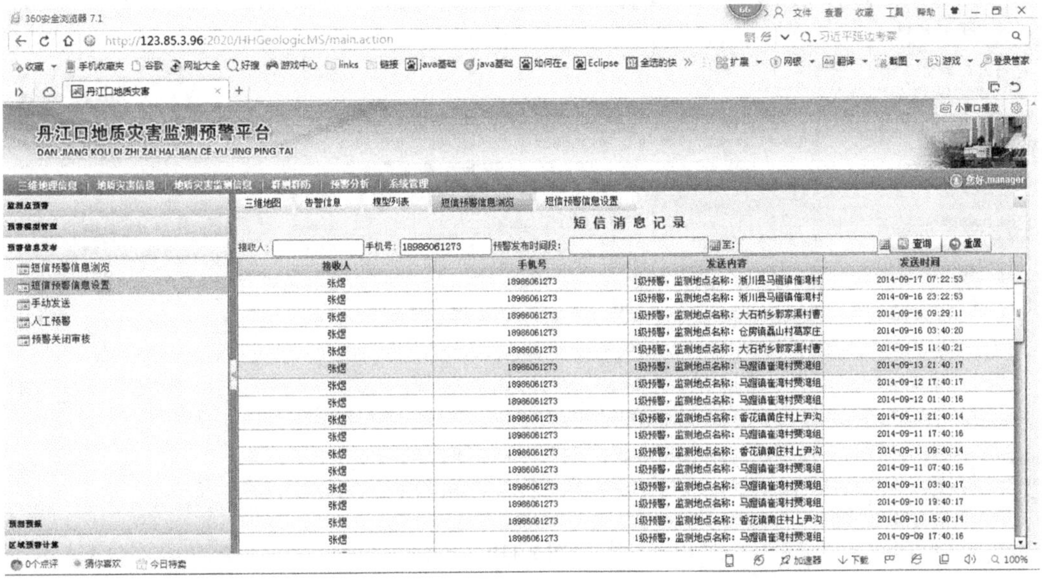

图 9-108

2.短信预警信息设置

短信预警信息设置的主要功能是根据灾害类型和预警等级进行查询,新增数据、修改数据、删除数据,如图 9-109 所示。

图 9-109

根据灾害体类型是"滑坡",预警等级是"请选择",点击"查询",列表显示所有符合该条件的数据,如图 9-110 所示。

图 9-110

点击"重置",条件清空,列表刷新显示所有数据,如图 9-111 所示。

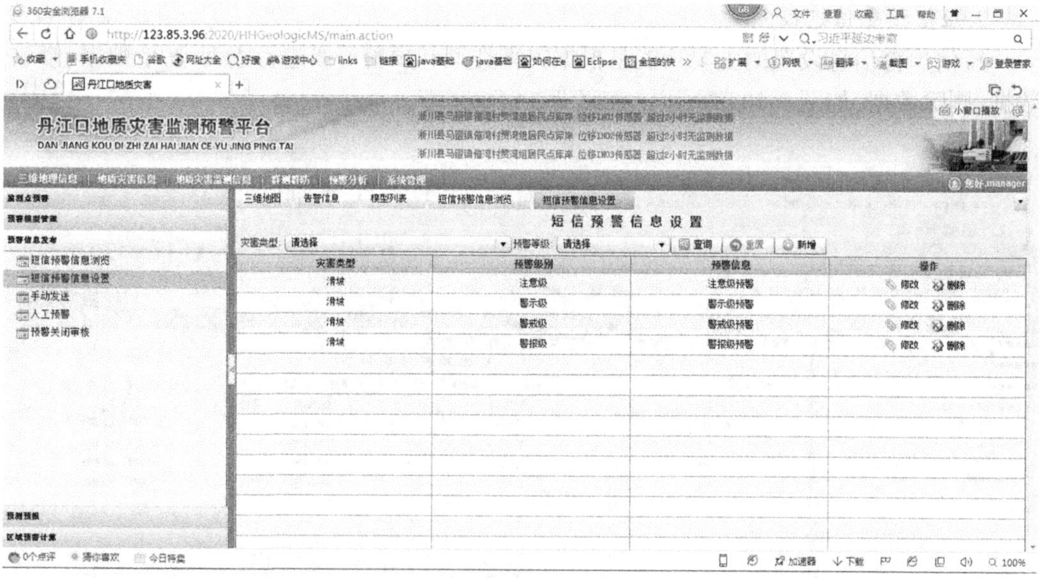

图 9-111

点击"新增",弹出增加的对话框,如图 9-112 所示,输入相关数据。点击"保存",如果保存成功,弹出"添加成功"。数据列表刷新,显示新的数据。点击"关闭",对话框关闭。

选择数据,点击"修改",弹出修改的对话框,如图 9-113 所示,修改数据信息,点击"保存",弹出"保存成功"。点击"取消",对话框关闭。

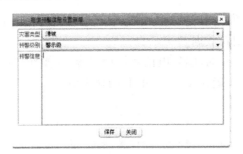

图 9-112

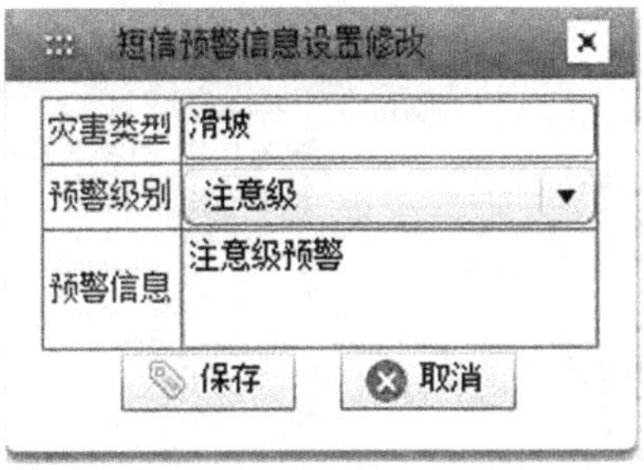

图 9-113

选择数据,点击"删除",弹出"是否确定删除"对话框。

点击"是",弹出"删除成功"对话框,删除数据成功,数据列表刷新。点击"否",对话框关闭。

3.手动发送

手动发送信息主要有两个功能:增加收信人,点击发送,如图 9-114 所示。

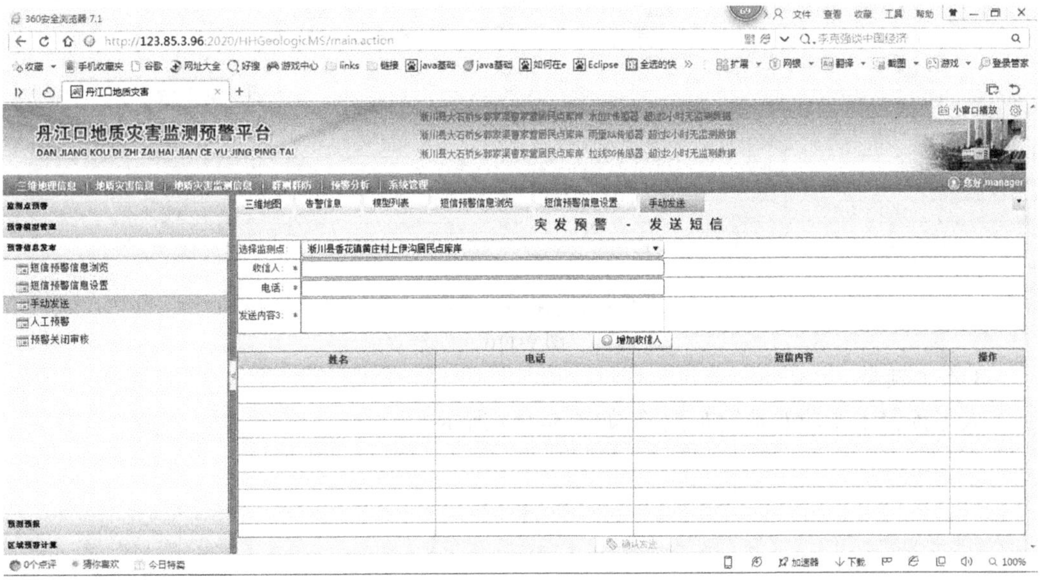

图 9-114

填写数据信息,收件人"测试员"、电话号码和发送内容,如图 9-115 所示,点击"增加收信人",下面的表格里刷新数据。

列表中显示增加收信人的姓名、电话及短信内容,在操作栏中可以点击"删除"按钮,删除短信。发送短信点击"确认发送",如图 9-116 所示。

图 9-115

图 9-116

4.人工预警

人工预警主要功能是发布预警,如图 9-117 所示。

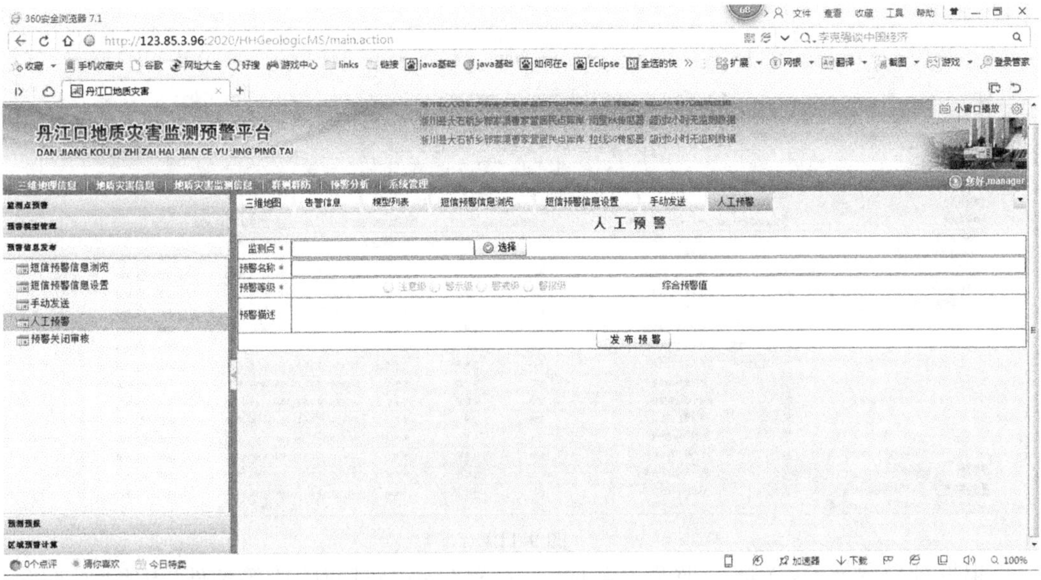

图 9-117

填写预警信息,其中监测点、预警名称、预警等级是必填项,如图 9-118 所示。

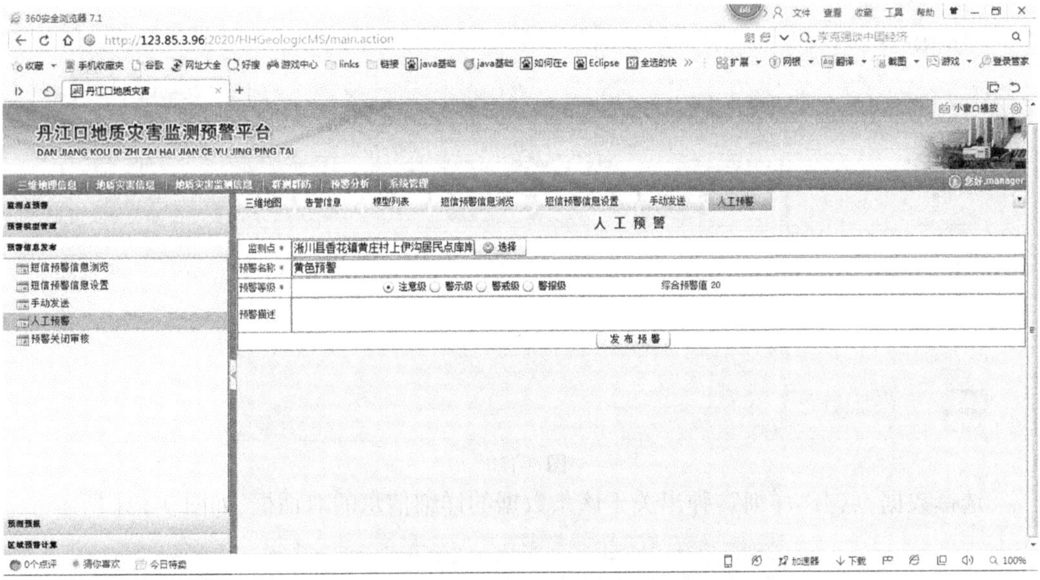

图 9-118

点击"发布预警",如果发送成功,则弹出"发布成功"确认框,提示"发布成功"。

5.预警关闭审核

对发布预警进行审核。主要功能是根据预警状态、监测地点名称、预警起始与结束日期查询预警信息,查看详细的预警内容,关闭未关闭的预警。主要界面如图 9-119所示。

图 9-119

根据预警状态"未关闭"、监测点名称"大石桥"、预警时间阶段等条件,点击"查询",列表显示出所有满足条件的数据,如图 9-120 所示。

图 9-120

选择数据,点击"详细",弹出关于该条数据的详细信息的对话框,如图 9-121 所示。

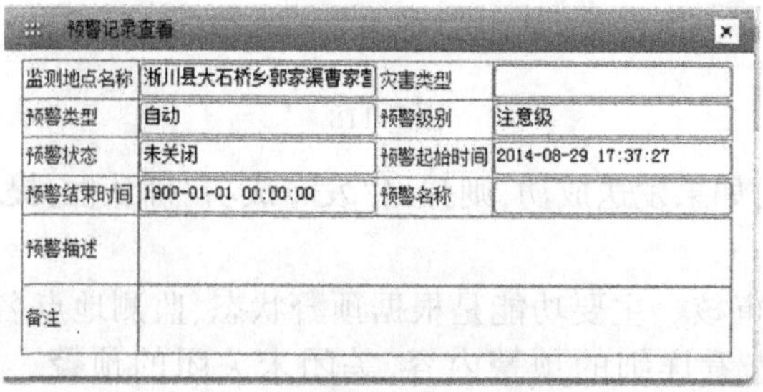

监测地点名称	淅川县大石桥乡郭家渠曹家堂	灾害类型	
预警类型	自动	预警级别	注意级
预警状态	未关闭	预警起始时间	2014-08-29 17:37:27
预警结束时间	1900-01-01 00:00:00	预警名称	
预警描述			
备注			

图 9-121

选择数据,点击"关闭",如果预警状态是"未关闭",则会弹出"是否确定关闭"对话框,确认是否关闭。

点击"是",弹出"关闭成功"对话框,问题关闭成功。点击"否",则不关闭问题。

选择数据,点击"关闭",如果预警状态是"已关闭"的数据,点击"关闭",则弹出"已关闭"警告,提示问题已关闭。

9.2.6.4　预测预报

预测预报的主要作用根据监测点、预测模型、测斜仪、雨量计、渗压仪、时间段来查询数据。主要功能如图 9-122 所示。

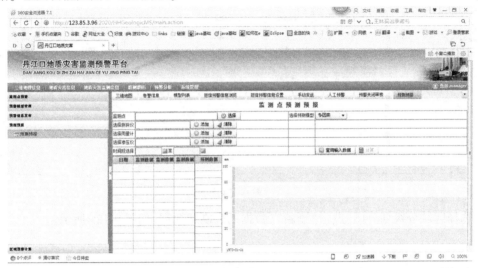

图 9-122

监测点是"淅川县仓房镇党子口村曾家沟居民点库岸",选择多因素模型,雨量 RA,水位 P,如图 9-123 所示。点击"查询",查询出所有符合条件的数据。

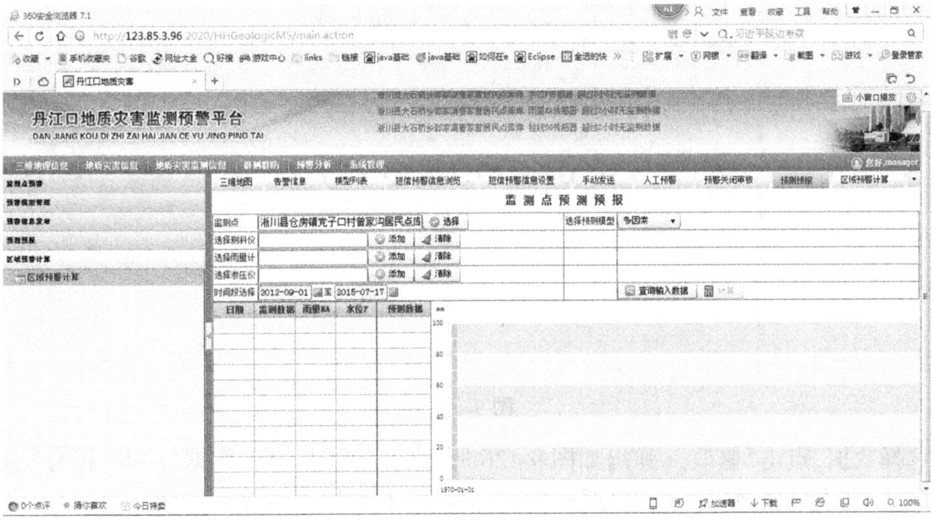

图 9-123

9.2.6.5 区域预警计算

主要是对区域预警进行计算,主要界面的功能显示如图 9-124 所示。

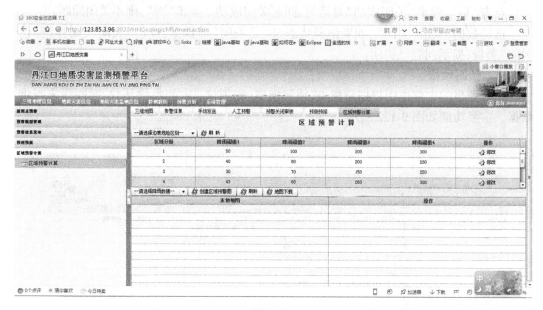

图 9-124

选择区域分级划分图,点击"刷新",数据列表刷新数据,如图 9-125 所示。

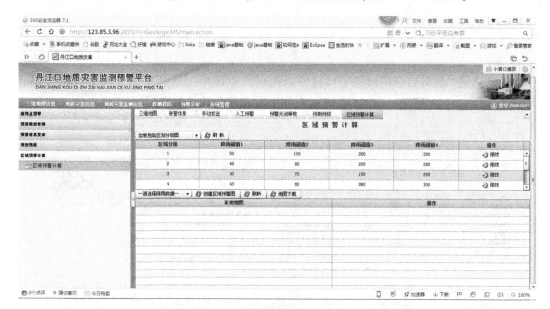

图 9-125

选择数据,点击"修改",弹出如图 9-126 所示的对话框,修改数据,点击"保存",数据保存成功,列表刷新数据。点击"返回",对话框关闭,数据未更改。

图 9-126

选择"现场气象站内插结果",创建区域预警图,如图 9-127 所示,创建成功弹出提示信息,点击"刷新",列表显示相关数据。

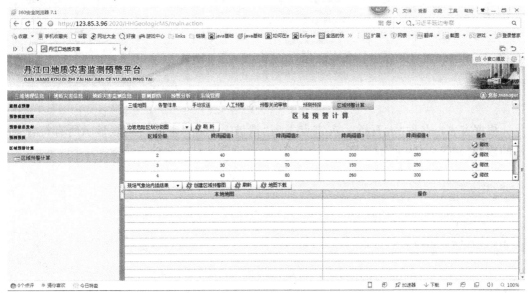

图 9-127

9.2.7　系统管理

此模块中有"数据管理"和"用户权限管理"两部分。"数据管理"主要功能是对各种基础数据进行管理维护,包括灾害点数据、监测点数据、监测项目数据、传感器数据和现场站数据五类数据;"用户权限管理"包括"用户管理"和"权限管理"两部分,主要用于创建各种用户,如管理员、一般用户以及进行各自权限功能的设置。

9.2.7.1　数据管理

"数据管理"中共有 5 张表,分别是灾害点数据管理、监测点数据管理、监测项目管理、传感器数据管理、现场站数据管理。

1.灾害点数据管理

灾害点数据管理是对灾害点进行管理,如图 9-128 所示,主要功能是灾害点名称和灾害点类型查询、添加灾害点数据、查看详细、修改数据、删除数据。

图 9-128

根据灾害点名称"大石桥",灾害点类型"滑坡",点击"查询",列表显示所有符合条件的数据,如图 9-129 所示。

图 9-129

点击"重置",清空查询条件,列表显示所有数据,如图 9-130 所示。

图 9-130

点击"添加",弹出如图 9-131 所示的对话框,填写测试数据。

点击"保存",弹出"添加成功"对话框。点击"取消",不保存数据,对话框关闭。

选择数据,点击"详细",弹出该数据的详细信息,如图 9-132 所示,点击"关闭",对话框关闭。

图 9-131 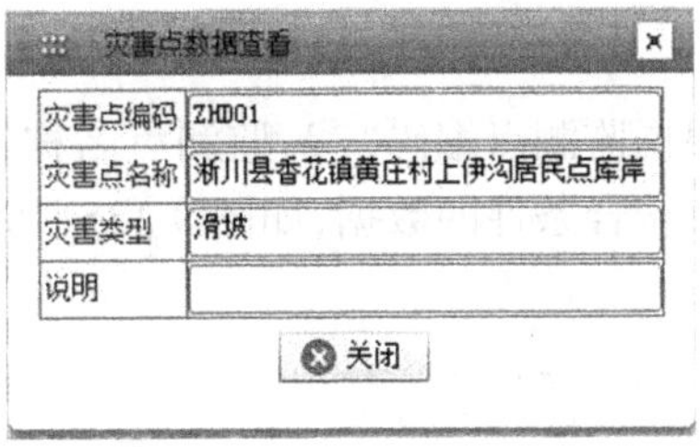　　　　　　　　　　　　　　图 9-132

选择数据,点击"修改",弹出修改数据的对话框,如图 9-133 所示,点击"保存",弹出"修改成功"的提示框,点击"详细",可以看到数据成功被修改。点击"取消",对话框关闭,未修改数据。

图 9-133

选择数据,点击"删除",弹出"是否确定删除"对话框,确认是否删除数据。

点击"是",弹出"删除成功"确认框,并且数据列表刷新。点击"否",对话框关闭,数据不删除。

2.监测点数据管理

监测点数据管理是对灾害点进行管理,如图9-134所示,主要功能是根据灾害点编码、灾害点名称和灾害点类型进行查询,添加数据,查看详细,修改数据,删除数据。

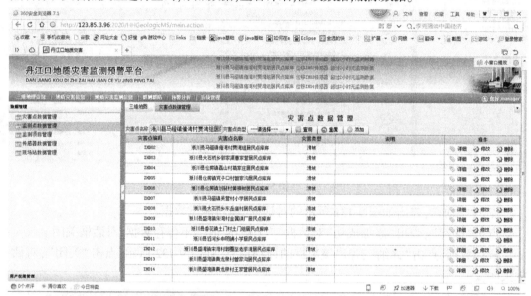

图 9-134

根据监测点编码"3",监测点名称"大石桥",灾害类型"滑坡",点击"查询",列表显示所有符合条件的数据,如图9-135所示。

图 9-135

点击"重置",清空查询条件,列表显示所有数据。如图 9-136 所示。

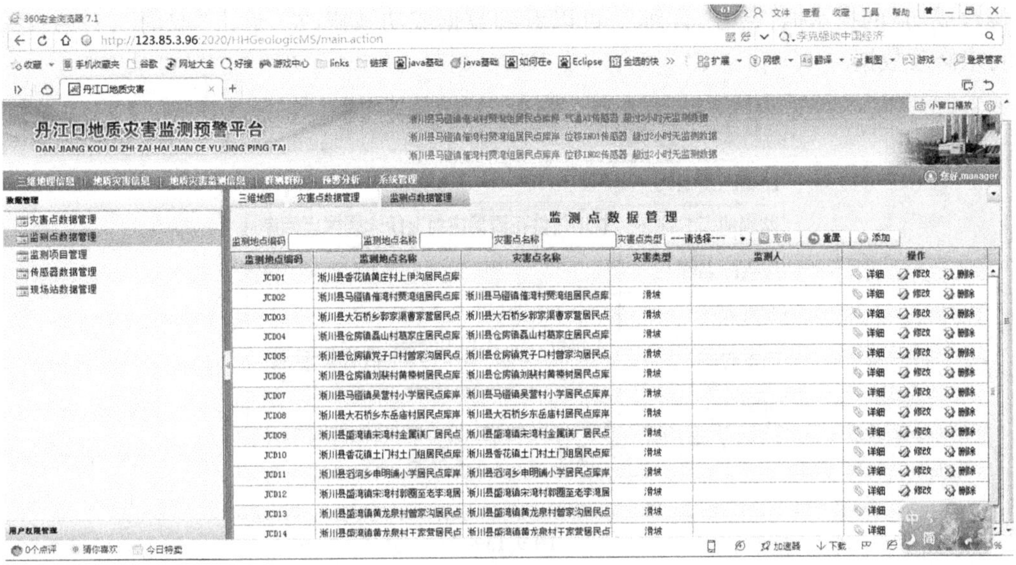

图 9-136

点击"添加",弹出如图 9-137 所示的对话框,填写测试数据,其中监测地点编码、监测地点名称、灾害体名称为必填项。点击"取消",对话框关闭,数据不保存。点击"保存",弹出保存成功对话框,数据列表刷新。

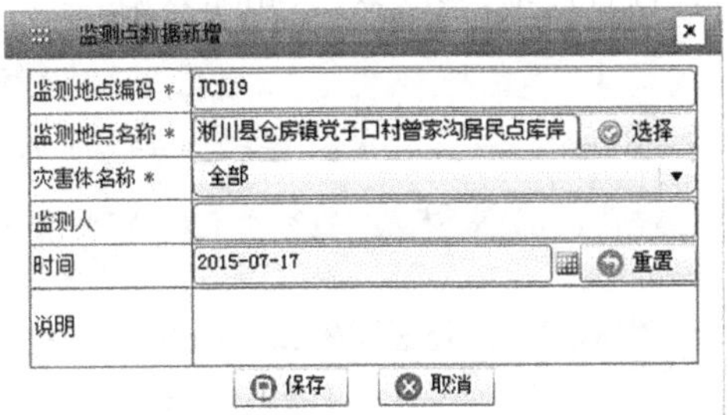

图 9-137

选择数据,点击"详细",弹出该数据的详细信息,如图 9-138 所示,点击"关闭",对话框关闭。

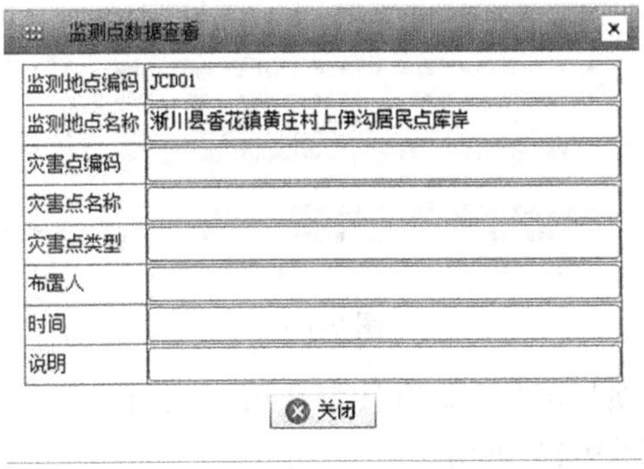

图 9-138

选择数据,点击"修改",弹出修改数据的对话框,如图9-139所示,点击"保存",弹出"修改成功"的提示框,点击"详细",可以看到数据成功被修改。点击"取消",对话框关闭,未修改数据。

图 9-139

选择数据,点击"删除",弹出"是否确定删除"对话框,确认是否删除数据。点击"是",弹出"删除成功"的对话框,并且数据列表刷新。点击"否",对话框关闭,数据不删除。

3.监测项目管理

监测项目管理是对灾害点进行管理,如图9-140所示,主要功能是根据项目编号、项目名称进行查询,添加数据,查看详细,修改数据,删除数据。

图 9-140

根据项目编号"1"和项目名称"淅川县香花镇土门村土门组居民点库岸",列表显示所有符合条件的数据,如图9-141所示。

图 9-141

点击"重置",清空查询条件,列表显示所有数据,如图 9-142 所示。

图 9-142

点击"添加",弹出如图 9-143 所示的对话框,填写测试数据,其中项目编号、项目名称为必填项。点击"取消",对话框关闭,数据不保存。点击"保存",弹出保存成功对话框,数据列表刷新。

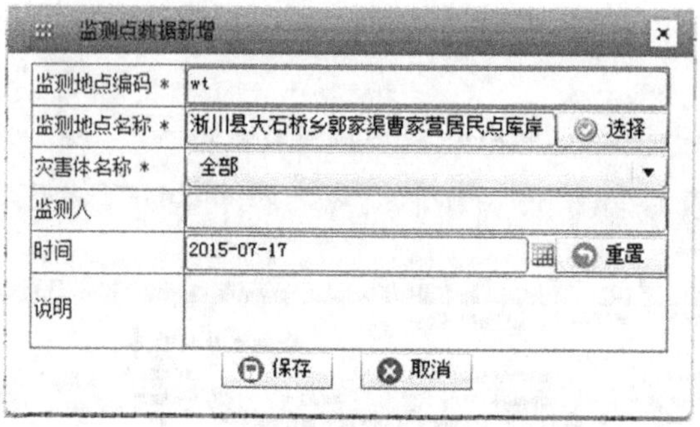

图 9-143

选择数据,点击"详细",弹出该数据的详细信息,如图 9-144 所示,点击"关闭",对话框关闭。

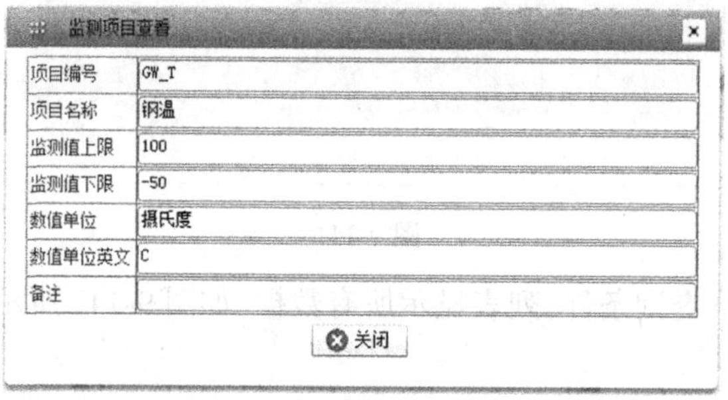

图 9-144

选择数据,点击"修改",弹出修改数据的对话框,如图 9-145 所示,点击"保存",弹出"修改成功"提示框,点击"详细",可以看到数据成功被修改。点击"取消",对话框关闭,未修改数据

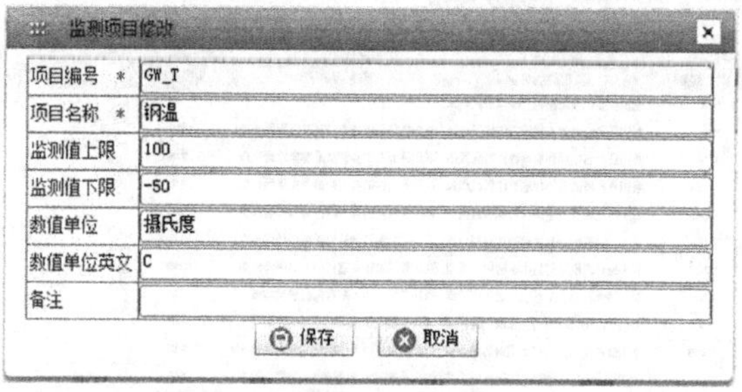

图 9-145

选择数据,点击"删除",弹出"是否确定删除"对话框,确认是否删除数据。点击"是",弹出"删除成功"对话框,并且数据列表刷新。点击"否",对话框关闭,数据不删除。

4.传感器数据管理

传感器数据管理是对传感器的数据进行管理,如图 9-146 所示,主要功能是根据项目传感器编号、传感器名称进行查询,添加数据,查看详细,修改数据,删除数据。

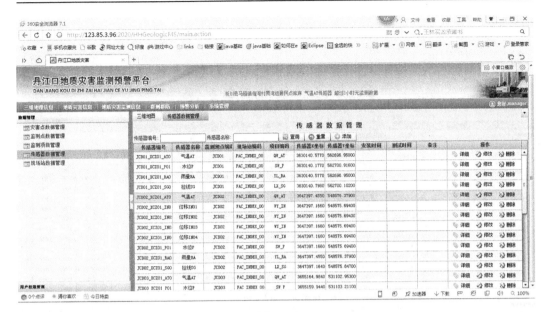

图 9-146

根据传感器名称"1"，列表显示所有符合条件的数据，如图 9-147 所示。

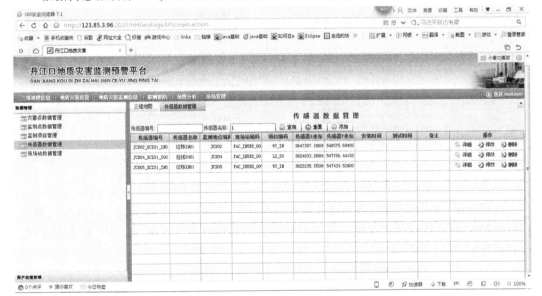

图 9-147

点击"重置"，清空查询条件，列表显示所有数据，如图 9-148 所示。

点击"添加"，弹出如图 9-149 所示的对话框，填写测试数据，其中传感器编号、传感器名称、项目编码、监测地点编码、现场站编码、传感器 X 坐标和传感器 Y 坐标均为必填项。点击"取消"，对话框关闭，数据不保存。点击"保存"，弹出保存成功对话框，数据列表刷新。

选择数据，点击"详细"，弹出该数据的详细信息，如图 9-150 所示，点击"关闭"，对话框关闭。

图 9-148

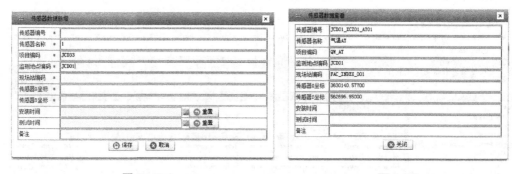

图 9-149　　　　　　　　　　　　　　　　图 9-150

　　选择数据,点击"修改",弹出修改数据的对话框,如图 9-151 所示,点击"保存",弹出"修改成功"提示框,点击"详细",可以看到数据成功被修改。点击"取消",对话框关闭,未修改数据。

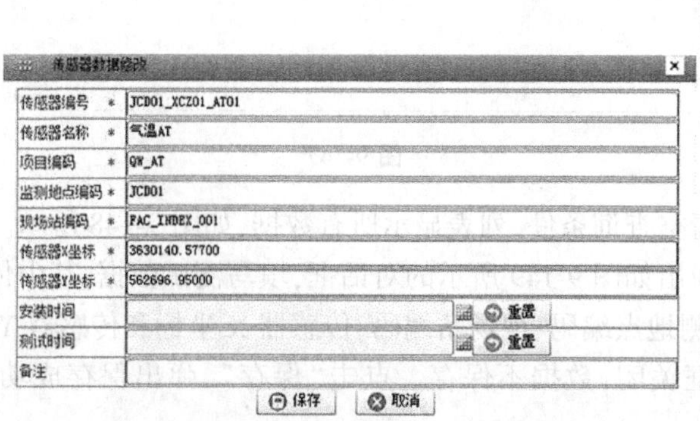

图 9-151

选择数据,点击"删除",弹出"是否确定删除"对话框,确认是否删除数据。点击"是",弹出"删除成功"对话框,并且数据列表刷新。点击"否",对话框关闭,数据不删除。

5.现场站数据管理

现场站数据管理是对传感器的数据进行管理,如图 9-152 所示,主要功能是根据现场站编号、现场站名称进行查询,添加数据,查看详细,修改数据,删除数据。

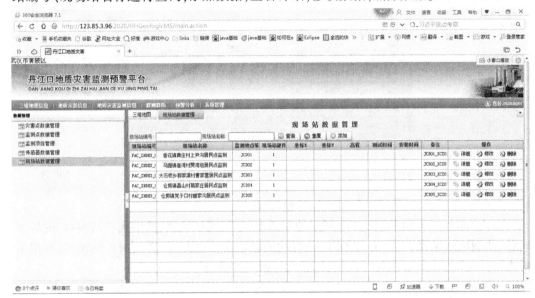

图 9-152

根据现场站编号、现场站名称"大石桥",列表显示所有符合条件的数据,如图 9-153 所示。

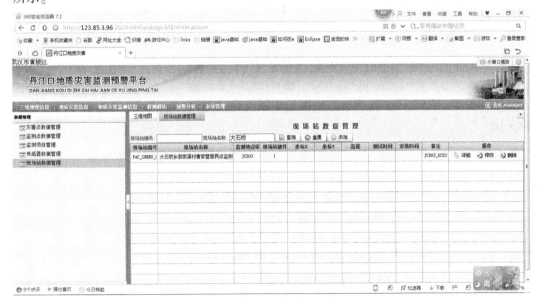

图 9-153

点击"重置",清空查询条件,列表显示所有数据,如图 9-154 所示。

图 9-154

点击"添加",弹出如图 9-155 所示的对话框,填写测试数据,其中现场站编号、现场站名称、监测地点编码、坐标 X、坐标 Y、高程均为必填项。点击"取消",对话框关闭,数据不保存。点击"保存",弹出保存成功对话框,数据列表刷新。

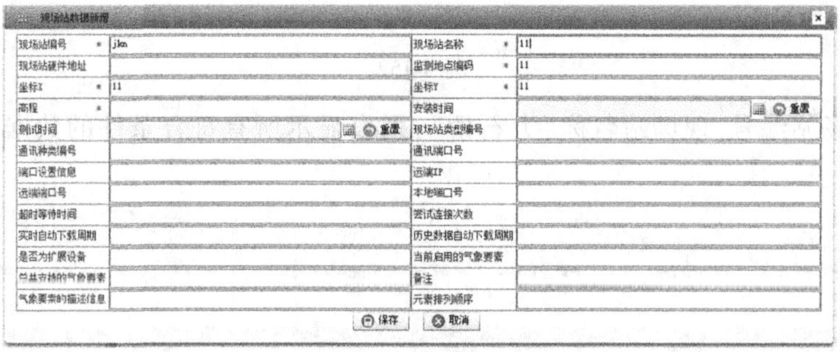

图 9-155

选择数据,点击"详细",弹出该数据的详细信息,如图 9-156 所示,点击"关闭",对话框关闭。

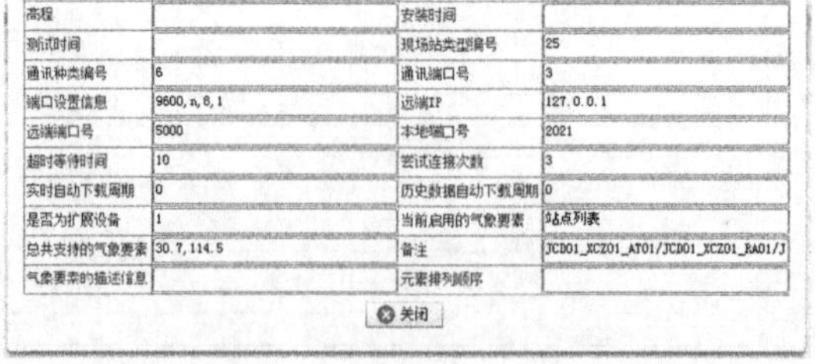

图 9-156

选择数据,点击"修改",弹出修改数据的对话框,如图 9-157 所示,点击"保存",弹出"修改成功"提示框,点击"详细",可以看到数据成功被修改。点击"取消",对话框关闭,未修改数据。

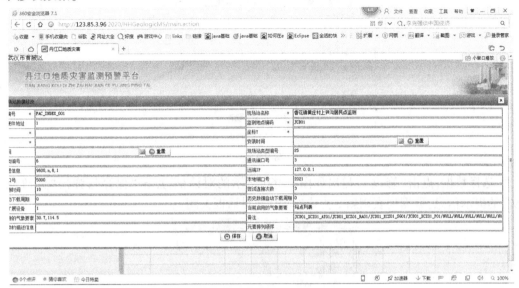

图 9-157

选择数据,点击"删除",弹出"是否确定删除"对话框,确认是否删除数据。点击"是",弹出"删除成功"对话框,并且数据列表刷新。点击"否",对话框关闭,数据不删除。

9.2.7.2　用户权限管理

"用户权限管理"的主要作用是对用户和权限进行管理,创建各种具有不同权限的用户如管理员和普通用户,包括"用户管理"和"权限管理"两部分。

1.用户管理

"用户管理"模块提供的整体功能和表格格式如图 9-158 所示,作用是管理用户。其主要功能有添加、修改和删除用户。

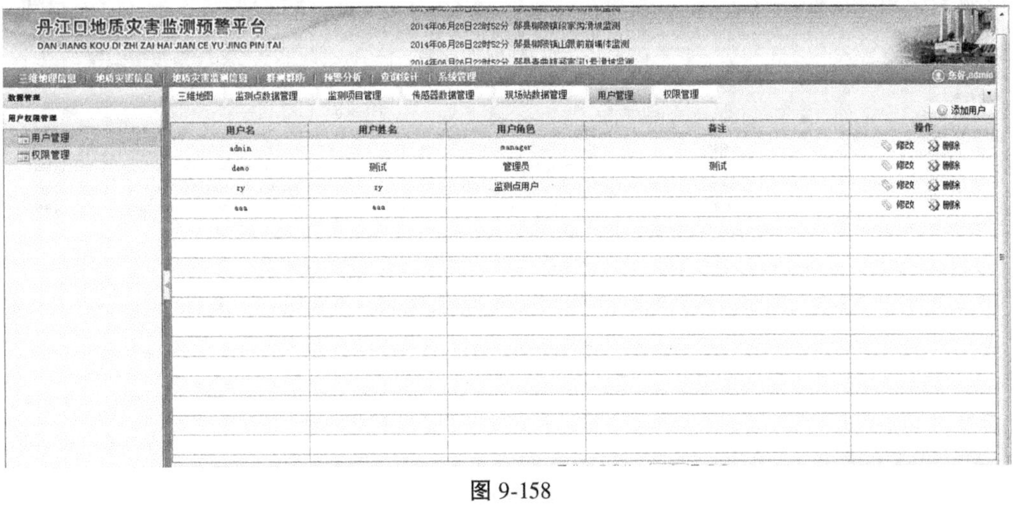

图 9-158

点击"添加用户",弹出如图 9-159 所示的对话框,点击"保存",弹出"添加成功"的提示信息,数据列表刷新。点击"取消",对话框关闭。

图 9-159

选择数据,点击"修改",弹出如图 9-160 所示的对话框,点击"保存",弹出"修改成功"的提示信息,数据列表刷新。点击"取消",对话框关闭。

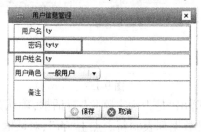

图 9-160

选择数据,点击"删除",弹出"是否确定删除"对话框,确认是否删除数据。点击"是",弹出"删除成功"对话框,并且数据列表刷新。点击"否",对话框关闭,数据不删除。

2.权限管理

"权限管理"模块提供的整体功能和表格格式如图 9-161 所示,作用是管理各种用户的权限。其主要操作有录入、删除和修改权限。

图 9-161

　　点击"添加角色",弹出如图 9-162 所示的对话框,其中角色名称是必填项,点击"保存",弹出"添加成功"的提示信息,数据列表刷新。点击"关闭",对话框关闭。

　　选择数据,点击"修改",弹出如图 9-163 所示的对话框,点击"保存",数据列表刷新。点击"取消",对话框关闭。

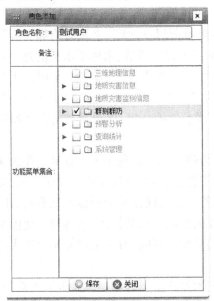

图 9-162

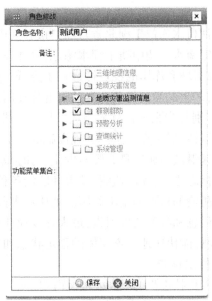

图 9-163

　　选择数据,点击"删除",弹出"是否确定删除"对话框,确认是否删除数据。点击"是",弹出"删除成功"对话框,并且数据列表刷新。点击"否",对话框关闭,数据不删除。

第 10 章 结 语

丹江口水库位于湖北省丹江口市和河南省南阳市淅川县之间,水域横跨鄂、豫两省。作为国家南水北调中线工程水源地,丹江口大坝加高工程完成后,水库蓄水位的进一步升高,库周滑坡和库岸的稳定性进一步降低,库岸滑坡一旦失稳,将危及其上游居民生命财产安全,产生的涌浪将危及滑坡附近临江居民点及汉江航运安全。地形较陡且由松散堆积层(特别是膨胀土)、软岩组成的岸坡地带,水库蓄水位抬高后,库岸再造将直接影响到临江的城镇、居民点及重要基础设施的安全。

库区滑坡与崩岸具有骤然发生、历时短、爆发力强、成灾快、危害大等特征。作为文明社会的标志之一,提前监测、预警和防治各种地质灾害,而不是反应于灾害发生之后,是地质灾害防治的重点和基本原则。地质灾害监测预警的主要任务是通过监测地质灾害时空域演变信息和各类诱发因素,最大程度地获取连续的空间变形数据,通过各种专业模型计算及预测,能快速地对灾变体的稳定状态和变化趋势做出判断,对未来可能发生灾害的地段(点)做出预测。

随着科技进步的不断发展,库区地质灾害监测预警逐渐成为集地质灾害形成机制、监测仪器、空间信息技术和预测预报技术于一体的综合技术。以互联网为基础的远程实时监测方式已经逐步流行。基于互联网的远程实时监控也具备了基础数据维护更新方便和最大限度实现共享等优势。

南水北调中线水源工程丹江口水库地质灾害防治工程(河南省首批)监测预警项目预警系统以实现丹江口库区地质灾害监测预警智能化为核心目标,采用先进的网络技术、地理信息技术、虚拟仿真技术和基于多用户并发的 WEB 异步服务技术,构建了基于三维真实地理景观的实用化预警决策支持系统。完成了三维地理信息、地质灾害信息、专业监测、群测群防、预警分析、系统管理和地质灾害点三维激光扫描成果展示 7 个子系统,实现了流畅的海量数据交换及三维地理信息展示与分析。基于地质灾害信息、地质灾害危险性评价成果、专业监测数据,多种专业预警模型和预警流程的专业地质灾害预警分析和预测预警,为地质灾害预警提供了信息管理科学化、应急响应快速化、辅助决策高效化的支撑平台。

众所周知,一个好的软件系统是需要用户不断使用来逐步完善其功能的。同样预警系统的预警分析功能,涉及不同类别滑坡或崩岸的单因素、多因素预警阈值的确定,模型参数随监测数据的不断调整,区域预警地质、地形、地貌等影响因子和权重,有效降雨值的确定等,都是需要较长的监测周期和监测数据的不断积累来逐步完善的。我们期待着随着预警系统的投入使用和不断完善,其最终能成为一个真正实用、高效的地质灾害预警决策支持系统。在地质灾害的数据分析、评价、预测预警方面更具科学化和可靠性,为南水北调工程预防地质灾害发生、减少生命财产损失提供技术支撑。

参 考 文 献

[1] Boyan Brodaric. Digital Geological Knowledge: From the Fieldto the Map to the Internet[C]//Digital Mapping Techniques′00-Workshop Proceedings USGS Open-File Report 00-325. United States Geological Survey,2000.

[2] Broome J,Brodaric B,Viljoen D,et al. The NATMAP digital geoscience data-management system[J]. Computers & Geosciences, 1993, 19(10):1501-1516.

[3] Giardino M,Perotti L,Lanfranco M,et al.GIS and geomatics for disaster management and emergency relief:aproactive response to natural hazards[J].Applied Geomatics?,2012,4(1):33-46.

[4] John H Kramer. Digital mapping systems for field data collection[C]//Digital Mapping Techniques′00-Workshop Proceedings:USGS Open-file Report 00-325.United States Geological Survey,2000.

[5] Murray Hazell,Richard S Blewett.Accurate and Efficient Capturing of Field Data for Integration into a GIS-a Digital Field Notepad System[C]//Forum Proceedings of Third National Forum on GIS in the Geosciences.AGSO RECORD,1997.

[6] Ryburn R J,Blewett R L.Structuring BMR′s geoscientific databases for GIS and automated cartography[C]//11th Australian Geological Convention.Geological Society of Australia,1992.

[7] Struik L C,Atrens A,Haynes A.Hand-held computer as a field notebook and its integration with the Ontario Geological Survey′s Field log program[R].Current Research,Part A.Geological Survey of Canada,1991.

[8] 蔡向民.栾英波.北京平原第四系的三维结构[J].中国地质,2009(5):1021-1029.

[9] 陈蓓青,田雪冬,曹浩,等.基于三维 GIS 的丹江口水库地质灾害监测预警系统设计与实现[J]. 长江科学院院报, 2016(7): 51-54,67.

[10] 陈年松.基于 FME 的 CAD 与 GIS 数据共享研究[D].南京:南京师范大学,2008.

[11] 付世军,李晓容.南充市地质灾害分型及致灾雨量阈值研究[J].防灾科技学院学报, 2018(3):73-80.

[12] 高华喜,殷坤龙.降雨与滑坡灾害相关性分析及预警预报阈值之探讨[J].岩土力学,2007,28(5): 1055-1060.

[13] 工程地质手册编委会.工程地质手册[M].4 版.北京:中国建筑工业出版社,2007.

[14] 顾丽影,花卫华,李三凤.三维城市地质信息平台[J].地质学刊,2012,36(3):285-290.

[15] 胡鹏,黄杏元,华一新. 地理信息系统教程[M].武汉:武汉大学出版社, 2002.

[16] 黄鑫,权朝斌,王辉,等.多维关联因素筛选条件下的堆积层滑坡体积预测研究[J].河南科学,2020, 38(4):645-653.

[17] 李聪,朱杰兵,汪斌,等.滑坡不同变形阶段演化规律与变形速率预警判据研究[J].岩石力学与工程学报,2016,35(7):1407-1414.

[18] 李高,谭建民.滑坡对降雨响应的多指标监测及综合预警探析:以赣南罗坳滑坡为例[J].地学前缘, 2021(6):283-294.

[19] 李皓飞,秦刚,陈中孝,等.滑坡预测中灰色预测模型分析[J].国外电子测量技术,2019(1):19-23.

[20] 李鸿军,徐望国,谢军.雨洪法在泥石流流量计算中的应用[J].内江科技,2011,32(5):26-27.

[21] 李强.基于数字孪生技术的城市洪涝灾害评估与预警系统分析[J].北京工业大学学报,2022(5): 477-486.

[22] 李清波,刘振红,齐菊梅,等.工程勘察数字采集技术[M].北京:中国水利水电出版社,2019.

[23] 林阳欧.多个业务系统间数据同步系统的设计与实现[D].上海:华东师范大学,2009.

[24] 刘德玉,贾贵义,李松,等.地形因素对白龙江流域甘肃段泥石流灾害的影响及权重分析[J].水文地质工程地质,2019(3):33-39.

[25] 刘建华,杜明礼,温源.移动地理信息系统开发与应用[M].北京:电子工业出版社,2015.

[26] 龙辉,秦四清,朱世平,等.滑坡演化的非线性动力学与突变分析[J].工程地质学报,2001,9(3):331-335.

[27] 龙文波.基于JZEE框架的网管系统中数据同步的研究与实现[D].西安:西北工业大学,2007.

[28] 卢世主,郭雨晴.基于数字孪生的革命旧址监测与预警系统研究[J].包装工程,2021,42(14):47-55,64.

[29] 陆兆溱.工程地质学[M].北京:中国水利水电出版社,2001.

[30] 罗云启,罗毅.数字化地理信息系统MapInfo应用大全[M].北京:北京希望电子出版社,2001.

[31] 马建红,李占波.数据库原理及应用:SQLServer2008[M].北京:清华大学出版社,2019.

[32] 孟天杭.海量三维空间数据可视化技术研究[J].科学技术创新,2021(1):110-112.

[33] 南骁聪,李广奇,王育奎.滑坡运动过程分析方法[J].工程技术研究,2020,5(9):269-270.

[34] 泥石流灾害防治工程勘查规范:DZ/T 0220—2006[S].北京:中国标准出版社,2006.

[35] 亓星,朱星,许强,等.基于斋藤模型的滑坡临滑时间预报方法改进及应用[J].工程地质学报,2020,28(4):832-839.

[36] 秦四清,张倬元,王士天,等.滑坡时间预报的突变理论及灰色突变理论方法[J].大自然探索,1993,12(4):62-68.

[37] 全德威.滑坡预测预报的非线性动力学模型探讨[J].科技资讯,2009(9):102-103.

[38] 苏阳.高铁地震预警监测系统分析[J].信息通信,2020(2):149-151.

[39] 王闯,王瑞刚,张欢.基于数字孪生驱动的山体地质灾害监测与预警系统及方法[P].201910260974.6.

[40] 王家耀.空间信息系统原理[M].北京:科学出版社,2001.

[41] 王礼先,于志民.山洪及泥石流灾害预报[M].北京:中国林业出版社,2001:282.

[42] 王珊,萨师煊.数据库系统概论[M].北京:高等教育出版社,2006.

[43] 王尚庆.长江三峡滑坡监测预报[M].北京:地质出版社,1999:148.

[44] 王翔,乔春生,马晓鹏.滑坡动力失稳定量分析[J].中国铁道科学,2019,40(2):9-15.

[45] 王旭昭,侯磊,苏龙,等.改进灰色GM(1,1)模型在滑坡预测中的应用[J].地理空间信息,2016,14(11):88-90.

[46] 邬伦,刘瑜,张晶,等.地理信息系统原理与技术[M].北京:科学出版社,2001.

[47] 谢剑明,刘礼领,殷坤龙,等.浙江省滑坡灾害预警预报的降雨阈值研究[J].地质科技情报,2003,22(4):101-105.

[48] 熊江,唐川,龚凌枫.基于HEC-HMS模型的不同雨型泥石流流量变化特征[J].水文地质工程地质,2019(3):153-161.

[49] 熊现.基于JAVA/XML的异构数据同步系统的设计和实现[D].上海:上海交通大学,2007.

[50] 徐岩岩,李芳.陕西省地质灾害群测群防动态更新系统建设[J].地质灾害与环境保护,2015(4):92-96.

[51] 许强,黄润秋,李秀珍.滑坡时间预测预报研究进展[J].地球科学进展,2004,19(3):478-483.

[52] 鄢好,李绍红,吴礼舟.联合多种数据驱动建模方法的滑坡位移预测研究[J].工程地质学报,2019(2):459-465.

[53] 张军.非线性科学在滑坡预测预报中的应用与展望[J].四川建材,2012(3):47-48.

[54] 张明翠,周平,刘敏.山体滑坡地质灾害基本特征及稳定性分析[J].四川建筑,2020,40(1):113-114.

[55] 周瑜,刘春成.雄安新区建设数字孪生城市的逻辑与创新[J].城市发展研究,2018,25(10):60-67.

[56] 周中,刘宝琛.滑坡预测预报的 Verhulst 反函数残差修正模型[J].中国铁道科学,2009,30(4):13-18.